Sejal Joshi

Novos estudos sobre pirazóis

Sejal Joshi

Novos estudos sobre pirazóis

ScienciaScripts

Imprint

Cover image: www.ingimage.com

This book is a translation from the original published under ISBN 978-3-659-87696-7.

Publisher:
Sciencia Scripts
is a trademark of
Dodo Books Indian Ocean Ltd. and OmniScriptum S.R.L publishing group

120 High Road, East Finchley, London, N2 9ED, United Kingdom
Str. Armeneasca 28/1, office 1, Chisinau MD-2012, Republic of Moldova, Europe
Managing Directors: Ieva Konstantinova, Victoria Ursu
info@omniscriptum.com

Printed at: see last page
ISBN: 978-620-8-61672-4

Índice:

Capítulo 1

INTRODUÇÃO

Processo de descoberta de novos medicamentos

Processo atual de descoberta e desenvolvimento de novos medicamentos

Na década de 1990 e no novo milénio, ocorreram grandes mudanças na indústria farmacêutica, tanto do ponto de vista da investigação e desenvolvimento como das operações comerciais. Novas tecnologias e processos como o "high throughput screening" e a "química combinatória" foram amplamente adoptados e desenvolvidos até atingirem um elevado nível de desempenho durante este período. A taxa impressionante de rendimento dos testes de centenas de milhares de compostos exigiu a micronização das operações, o que resultou na redução das misturas de reação de rastreio de mililitros para microlitros. Os sistemas são geralmente controlados por robots e as placas de teste podem acomodar um vasto espetro de testes biológicos. A química combinatória, um processo em que uma molécula central é modificada com um vasto espetro de reacções químicas em recipientes de reação simples ou múltiplos, pode produzir dezenas de milhares de compostos para rastreio. O objetivo de ambas as abordagens é fornecer um número muito elevado de novos entidades químicas a analisar quanto à sua atividade biológica *in vitro*. A utilização de computadores para conceber novos candidatos a fármacos foi desenvolvida até atingir um nível significativo de sofisticação. Ao visualizar no computador o "sítio ativo" ao qual se pretende que o candidato a fármaco se ligue, pode frequentemente ser concebida uma molécula para atingir esse objetivo. O verdadeiro impacto destas abordagens na taxa efectiva de descoberta de novos medicamentos está ainda por determinar. Alguns questionaram a utilidade destes novos métodos de rastreio, alegando que não resultaram novas entidades moleculares (NME) destas novas metodologias de rastreio, apesar das centenas de milhões investidos pela indústria.

Rastreio da possibilidade de utilização de medicamentos ou de desenvolvimento

Os compostos com propriedades farmacêuticas aceitáveis, para além de uma atividade biológica e de um perfil de segurança aceitáveis, são considerados "semelhantes a medicamentos" ou passíveis de desenvolvimento. As propriedades farmacêuticas tipicamente aceitáveis para a administração oral de uma molécula semelhante a um fármaco incluem solubilidade aquosa suficiente, permeabilidade através de membranas biológicas, estabilidade satisfatória a enzimas metabólicas, resistência à degradação no trato gastrointestinal (pH e enzimas estabilidade), e estabilidade química adequada para uma formulação bem sucedida numa forma de dosagem estável. Foram identificadas várias barreiras adicionais, como os transportadores de efluxo. (ou seja, a exportação do fármaco do sangue para o intestino) e o metabolismo de primeira passagem pelas células intestinais ou hepáticas, que podem limitar a absorção oral. Estão a surgir vários métodos computacionais e experimentais para testar (ou traçar o perfil) de compostos para a descoberta de fármacos, com vista a obter propriedades farmacêuticas aceitáveis.

Síntese de medicamentos

A investigação sistemática nos laboratórios farmacêuticos conduziu à introdução de um número crescente de medicamentos nos tempos modernos. O trabalho de síntese é efectuado de acordo com as seguintes linhas:

- São sintetizados compostos cujas estruturas são mais ou menos semelhantes às substâncias que ocorrem naturalmente. Por vezes, isto dá origem a medicamentos cujo preço é muito inferior ao dos que ocorrem naturalmente.
- Tenta-se preparar compostos com estruturas simplificadas sem perder a eficácia.

> São feitas tentativas para sintetizar novos medicamentos, que têm as propriedades de certos produtos naturais, mas não têm qualquer relação com eles em termos de estrutura.

> São feitas tentativas para sintetizar novos fármacos que não estão relacionados, em termos de estrutura e propriedades, com os produtos naturais.

Mecanismos de ação dos medicamentos

1. Ação física: A propriedade física do medicamento é responsável pela sua ação, por exemplo

Massa do medicamento	- laxante de touro
Propriedade adsorvente	- carvão vegetal
Atividade osmótica	- mentol
Radioatividade	- radioisótopos
Opacidade do rádio	- meios de contraste

2. Ação química: O medicamento reage extra

Os antiácidos neutralizam a HCL gástrica Os agentes oxidantes ($KMnO_4$, I_2) são germicidas e inactivam os alcalóides ingeridos.

3. Através de Enzimas: Estimulação e.g.

A adrenalina estimula os ciclos adenilíticos Inibição Por exemplo, a fisostigmina e a neostigmina competem com a acetilcolina pela colinesterase.

4. Através dos receptores: A macromolécula ou o componente de uma célula ou organismo que interage com o fármaco e inicia a cadeia de acontecimentos bioquímicos que conduzem aos efeitos observados do fármaco são designados receptores. O agonista ativa um recetor para produzir um efeito, por exemplo, adrenalina, histamina, morfina. *O agonista parcial* ativa um recetor para produzir um efeito submaxial, mas antagoniza a ação de um agonista total, por exemplo, a nalorfina. O agonista inverso ativa um recetor para produzir um efeito no sentido oposto ao do agonista bem conhecido, por exemplo, o DMCM. O antagonista liga-se ao recetor, não o ativa e não tem qualquer efeito próprio. Os efeitos principais impedem o agonista de se ligar e ativar o recetor.

Considerações biofarmacêuticas

Para a atividade sistémica de uma molécula de fármaco, esta deve ser absorvida e atingir a corrente sanguínea ou o local de ação se for administrada por via oral, tópica, nasal, inalação, ou outra via de administração em que exista uma barreira entre o local de administração e o local de ação local de ação. Uma vez que a solubilidade e a permeabilidade são os dois factores mais importantes que influenciam a absorção oral dos fármacos, o seguinte sistema de classificação biofarmacêutica (BCS) para substâncias medicamentosas, com base nos trabalhos de Amidon *et* aZJ[51]), foi recomendado pela FDA![52]):

> Classe I - O fármaco é altamente solúvel e altamente permeável

> Classe II - O fármaco é pouco solúvel, mas altamente permeável

> Classe III - O fármaco é altamente solúvel, mas pouco permeável

> Classe IV - O fármaco é pouco solúvel e pouco permeável

No caso de um composto da classe I da CSB, não existem etapas limitadoras da taxa de absorção do fármaco, exceto o esvaziamento gástrico e, por conseguinte, pode não ser necessária qualquer consideração especial em termos de administração do fármaco para tornar o composto biodisponível. Por outro lado, no caso de um composto da classe II da classificação BCS, é necessária uma estratégia de formulação adequada para ultrapassar o efeito da baixa solubilidade. Para um composto BCS Classe III, podem ser adoptadas medidas de formulação para aumentar a permeabilidade do fármaco através da membrana gastrointestinal, embora as opções possam ser muito limitadas. Muitas vezes, o desenvolvimento continuado de um composto BCS de classe III depende do facto de a sua baixa biodisponibilidade a partir de uma forma de dosagem, devido a uma fraca solubilidade, ser ou não suficiente.

A permeabilidade é clinicamente aceitável ou não. Um composto BCS Classe IV apresenta o problema mais difícil para a administração oral. Aqui, a estratégia de formulação está frequentemente relacionada com o aumento da taxa de dissolução para fornecer a concentração máxima do fármaco no local de absorção. No caso de um composto da Classe III, as opções de formulação para aumentar a permeabilidade do fármaco são frequentemente limitadas. Devido à importância da BCS no desenvolvimento da estratégia de conceção da forma de dosagem, é essencial uma classificação precoce dos novos candidatos a fármacos para identificar os seus obstáculos de formulação.

Aplicações farmacêuticas da estratégia de pró-fármacos

Administração oral de medicamentos

No caso dos fármacos administrados por via oral, o epitélio intestinal funciona como barreira física, formando junções celulares estreitas que restringem a administração paracelular de fármacos na circulação sistémica. Consequentemente, os fármacos eficazes devem possuir propriedades físico-químicas óptimas (por exemplo, lipofilicidade, peso molecular suficiente, carga iónica, potencial de ligação de hidrogénio ou conformação estrutural) se difundirem passivamente através da via transcelular, ou o fármaco deve ter caraterísticas estruturais que lhe permitam ser absorvido por um dos mecanismos de transporte endógenos presentes no epitélio intestinal.

Pró-fármacos derivados de grupos amino e amida e sua bioconversão

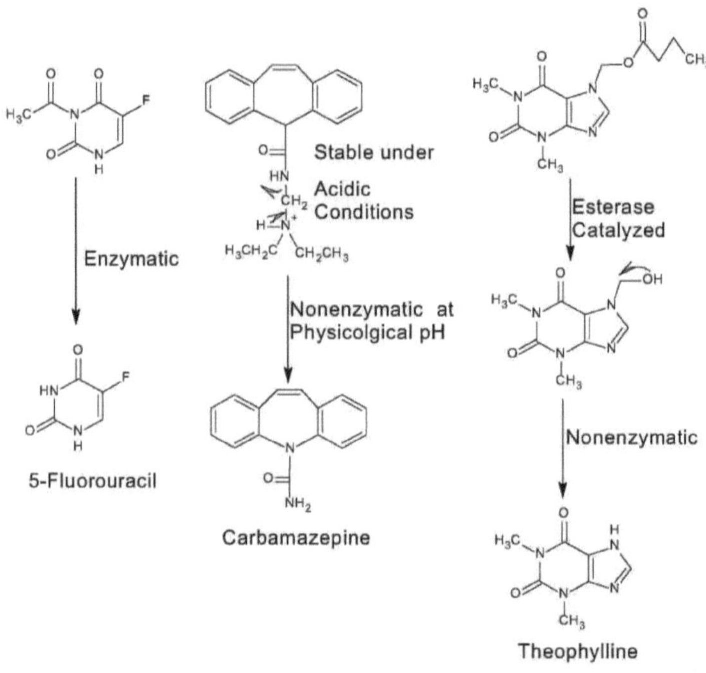

Transporte mediado por transportador

Este meio de transporte é particularmente importante quando os fármacos ou pró-fármacos são polares ou carregados, e a absorção transcelular passiva é negligenciável. Por conseguinte, a orientação para os transportadores da membrana epitelial intestinal tornou-se uma abordagem atractiva para melhorar a biodisponibilidade oral de fármacos pouco absorvidos. Utilizando uma estratégia de derivação biorreversível de pró-fármacos, um fármaco com baixa permeabilidade membranar é convertido

Pró-fármacos da ampicilina

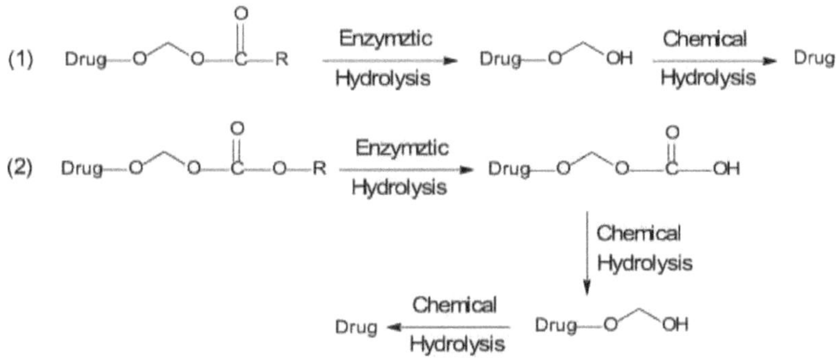

Pró-fármacos do tenofovir e do adefovir

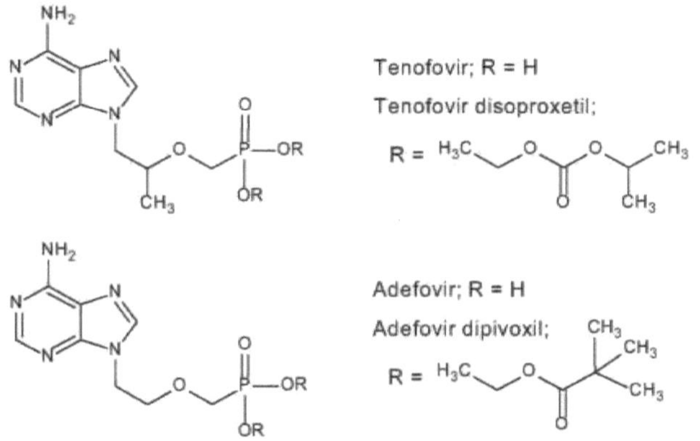

Um bom exemplo de um pró-fármaco que explora os transportadores intestinais é o valaciclovir, o éster l-valílico do aciclovir. O aciclovir é um inibidor específico e seletivo da replicação do herpes viral e não é altamente solúvel em lípidos nem em água, com uma biodisponibilidade oral limitada e variável (15 a 21%) que diminui com o aumento das doses.

Capítulo 2

ESTUDOS SOBRE PIRAZÓIS

Estudos sobre Pirazóis

Introdução

Os sistemas de anéis de cinco membros contendo duas ligações duplas e dois átomos de azoto adjacentes entre si são designados por pirazóis. Nos últimos 10 anos, surgiram mais relatórios sobre a síntese e a reatividade dos sistemas de anéis de pirazol. Além disso, as aplicações em química medicinal dos pirazóis e dos sistemas de anéis fundidos têm encontrado numerosas aplicações na descoberta de medicamentos. Pesquisa de estruturas possíveis O pirazol é uma molécula aromática e, tal como o seu isómero estrutural imidazol, contém um átomo de N do tipo pirrol e um átomo de N do tipo piridina, mas nas posições 1 e 2 (1,2-diazol). Os compostos aromáticos com duas ligações duplas incluem as estruturas centrais, como o pirazol (1), o indazol (2) e o isoindazol (3), juntamente com os seus isómeros não aromáticos, a pirazolenina ou 3H-pirazol (4), o isopirazol ou 4H-pirazol (5) e os sais de 1H-pirazol-2-io (6). Outras estruturas de pirazol que contêm grupos carbonilo incluem a 1H-pirazol-5(4H)-ona (7), a 1H-pirazol-3(2H)-ona (8), a 3H-pirazol-3-ona (9) e a 4,5-di-hidro-3H-pirazol-3-ona (10). Estão igualmente representadas pirazolinas como o 4,5-di-hidro-3H-pirazol ou 1-pirazolina (11), o 4,5-di-hidro-1H-pirazol ou 2-pirazolina (12) e o 2,3-di-hidro-1H-pirazol ou 3-pirazolina (13). A pirazolidina (14) e a pirazolidina-3-ona (15) são estruturas representativas sem ligações duplas no anel. Todas estas estruturas podem ter substituições em qualquer um dos átomos de carbono. São também possíveis muitas outras estruturas, como as que têm anéis de pirazol fundidos.

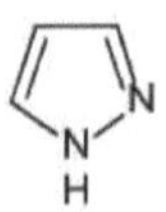
1

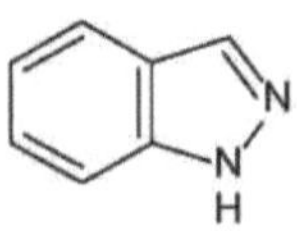
2

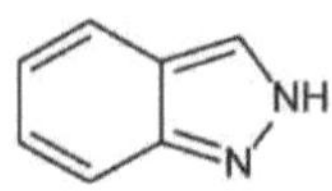
3

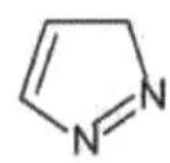
4

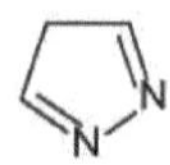
5

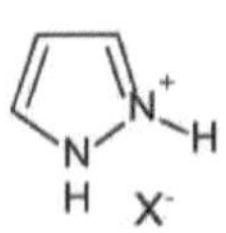
6

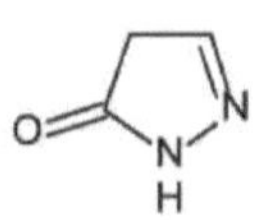
7

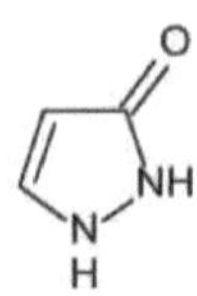
8

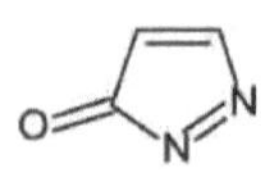
9

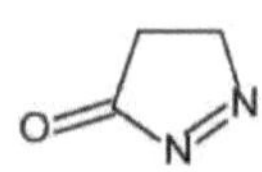
10

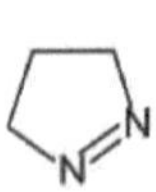
11

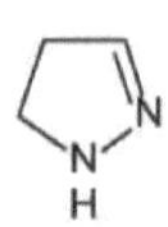
12

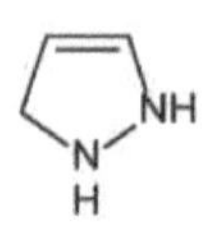
13

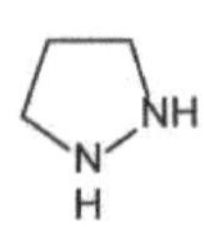
14

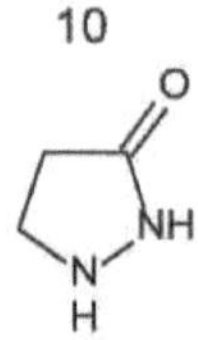
15

Métodos teóricos

Estrutura e reatividade dos pirazóis

Os pirazóis N-não substituídos podem ter ligações de hidrogénio N-H----N presentes nos seus cristais, que podem levar a pelo menos seis motivos, tais como monómeros, dímeros, trímeros, tetrâmeros, hexâmeros e catâmeros. Os motivos de ligação de hidrogénio para os pirazóis foram examinados na base de dados estrutural de Cambridge (CSD). A superfície acessível dos átomos N foi considerada útil como um discriminador para dividir as estruturas em motivos de dímeros e catéteres. A baixa acessibilidade favorece os dímeros e os tetrâmeros e os valores elevados favorecem os catâmeros e os trímeros. As regras empíricas foram aplicadas com êxito para prever os motivos de oito novas estruturas na versão subsequente da CSD. Uma pesquisa no CSD para NH-pirazóis sem outros locais doadores e aceitadores de ligações de hidrogénio identificou compostos que cristalizaram em estruturas formando dímeros, tetrâmeros, trímeros, um hexâmero e catâmeros usando ligações de hidrogénio N-H---N. Estas estruturas foram divididas em duas classes (dímeros e tetrâmeros vs. trímeros e catâmeros) utilizando a superfície acessível a um átomo com bons resultados. O método foi alargado a novos pirazóis através de cálculos teóricos da geometria dos monómeros. Aspectos como a conformação dos substituintes fenílicos, a aditividade dos efeitos dos substituintes e os efeitos de reforço foram abordados teoricamente

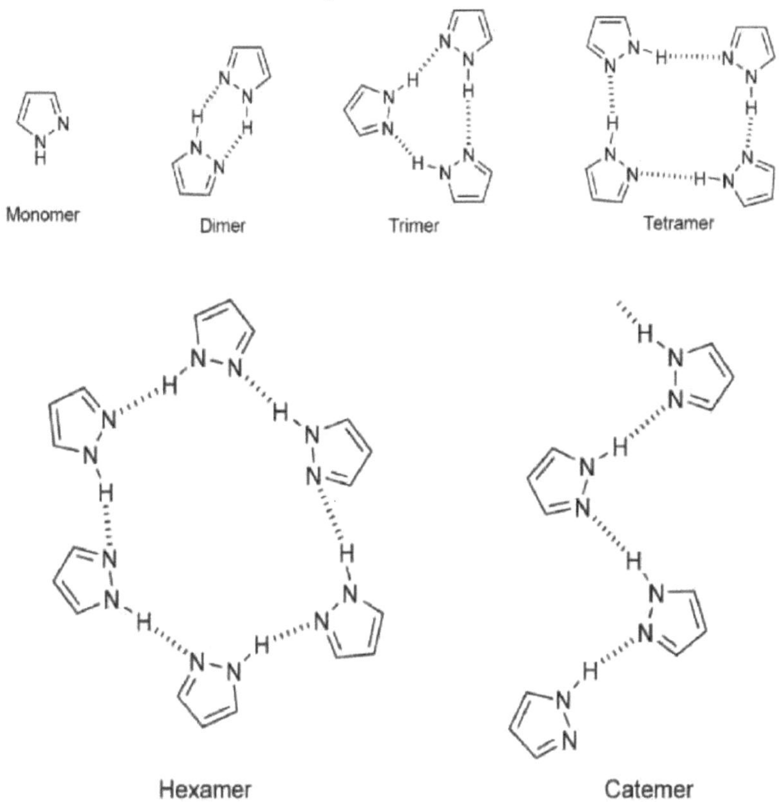

A estrutura supramolecular dos lH-pirazóis no estado sólido foi investigada por estudos cristalográficos e ab initio[2]. Os campos de força harmónicos foram calculados com a geometria optimizada correspondente para o pirazol nos níveis Hartree-Fock (HF), B3LYP, MP2, CCSD (aglomerados acoplados simples e duplos) e CCSD(T) (aglomerados acoplados com triplos perturbativos) utilizando o conjunto de bases 6-31G* e nos níveis HF e B3LYP utilizando o conjunto de bases ccp VTZI[3]. Foram efectuados cálculos ab initio de orbitais atómicos independentes do calibre (GIAO) em 21 pirazóis 1-substituídos, utilizando quatro métodos ab initio diferentes que levaram à seleção final do conjunto de bases híbridas[4]. A comparação com os deslocamentos químicos experimentais em solução (tendo em conta a blindagem calculada das referências correspondentes) mostrou uma excelente concordância entre os dois conjuntos, permitindo um fator de

proporcionalidade de cerca de 0,96. Os espectros de infravermelho (IV) e os cálculos quântico-mecânicos dos espectros vibracionais e da estrutura do pirazol e do 3,5-dimetilpirazol em solução, em fase gasosa e no estado sólido foram investigados numa vasta gama de concentrações e temperaturas[5].Verificou-se que, na fase gasosa, tanto o pirazol como o 3,5-dimetilpirazol existem num equilíbrio entre monómeros, dímeros e trímeros. Em solução, o equilíbrio entre monómeros e trímeros dominou e não foram detectadas bandas que pudessem ser atribuídas a dímeros. O 3,5-dimetilpirazol manteve a estrutura de trímero no estado sólido, enquanto no caso do pirazol, a formação do cristal proporcionou outro tipo de associação.
As caraterísticas geométricas e espectrais de dímeros e trímeros, obtidas por cálculos ab initio, foram apresentadas e comparadas com dados experimentais. A dinâmica molecular do 3,5-dimetilpirazol auto-organizado com forte ligação de hidrogénio foi estudada por dispersão quase-elástica de neutrões (QENS).

A inversão piramidal impedida e a rotação restrita em N-propil-N-(4-piridil)-1-amino-1H-pirazóis (16) foram estudadas por espetroscopia dinâmica de ressonância magnética nuclear (RMN) e métodos de modelação molecular[6]. Foi relatado um estudo de agrupamento acoplado da estrutura e dos espectros vibracionais do pirazol. A estrutura do 5-terc-butil-4-nitro-1H-pirazol-3-ol (17) consiste em moléculas que se agrupam num motivo de fita linear com ligações de hidrogénio. Este arranjo de ligações de hidrogénio foi construído através de duas formações de dímeros, uma que é atípica dos pirazóis (N-H---N) e a outra através de uma interação do grupo hidroxilo com um dos átomos de oxigénio nitro. A estrutura molecular de um novo 3-p-nitrofenilpirazol monohidratado foi encontrada como o 3-tautómero (18) em vez do correspondente 5-tautómero (19) usando espetroscopia NMR, difração de raios X de cristal único e cálculos ab initio[7]

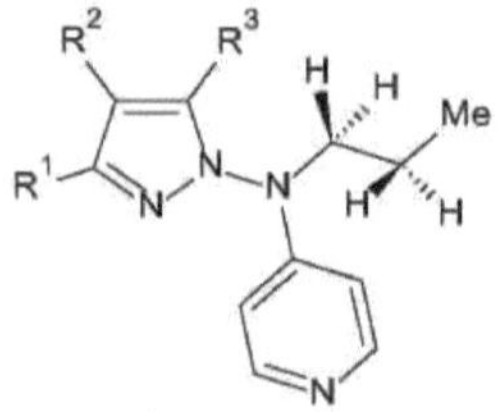

16

$R^1 = R^3 = CH_3$; $R^2 = H$

$R^1 = R^3 = CO_2Et$; $R^2 = H$

R^1-$R^2 =(CH_2)_3$; $R^3 = CH_3$

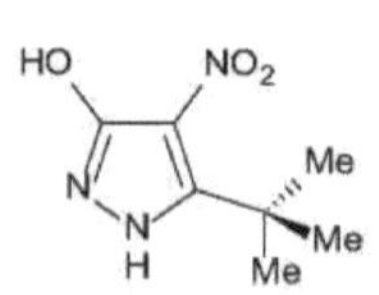

17

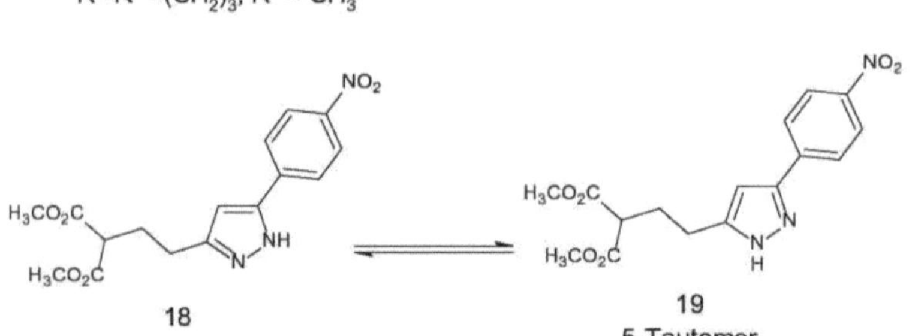

18
3-Tautomer

19
5-Tautomer

As energias de dissociação das ligações C-H e N-H (BDEs) do pirazol foram calculadas utilizando os métodos ab initio CBS-Q, G3 e GsB3[8]. Verificou-se que todos estes métodos forneceram BDEs muito semelhantes, apesar do facto de terem sido utilizadas geometrias diferentes e procedimentos diferentes na extrapolação para a incorporação completa da correlação eletrónica e do limite completo do conjunto de bases. Energias de dissociação de ligação do pirazol (kcal mol^{-1}).

Obrigação	CBS-Q	G3	G3B3 recomendado	B3LYP	Carga	Coluna vertebral	Ângulo de ligação (°)
N(1)-H	112.0	111.3	109.2	107.6	0.401		113.3
C(3)-H	118.7	118.7	117.8	115.5	0.201	0.967	112.1
C(4)-H	122.6	122.2	121.0	118.9	0.221	0.953	104.5
C(5)-H	121.1	121.1	119.9	117.9	0.210	0.948	106.1

Estrutura e Reatividade dos IndazóisAs frequências de ressonância do quadrupolo nuclear (NQR) foram determinadas no isótopo ^{35}Cl para vários cloroindazóis e para dois nucleósidos de cloroindazol à temperatura do azoto líquido[9]. A influência do local de substituição e do tipo de substituinte na frequência de ressonância foi analisada e a distribuição da densidade eletrónica e o potencial eletrostático nas moléculas foram calculados pelo método B3LYP/6-31G*(p) e os resultados foram correlacionados com dados experimentais. As propriedades físico-químicas em fase aquosa de alguns indazóis 3-substituídos (H, Me, Br, Cl) foram calculadas utilizando métodos semi-empíricos e os resultados obtidos foram avaliados procurando uma possível correlação com as propriedades experimentais previamente obtidas[10]. As geometrias em fase aquosa, estabilidades relativas, constantes de acidez, tautomerismo, afinidades protónicas (PAs) e momentos de dipolo para as formas tautoméricas de alguns indazóis 3-substituídos e as suas formas fixas (compostos modelo em que a migração de protões é eliminada substituindo o átomo de hidrogénio móvel por um grupo metilo) foram calculadas com otimização total da geometria utilizando os métodos AMI, PM3 e negligência modificada da sobreposição diatómica (MNDO). Os resultados dos cálculos semi-empíricos em fase aquosa indicam que a forma lH (20) das moléculas estudadas é mais estável do que a forma 2H (2l)

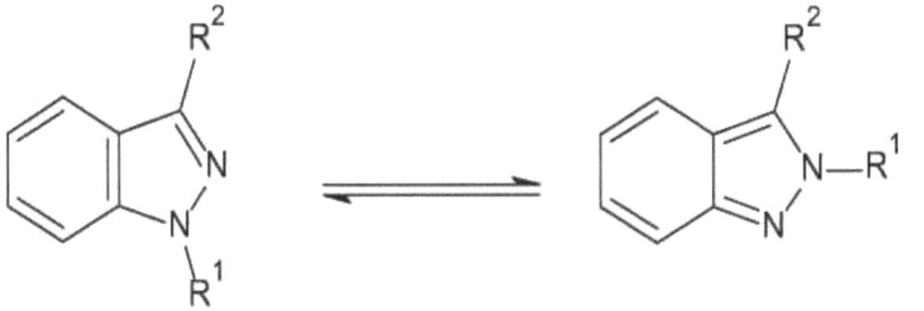

20 21

1*H*-Indazole 2*H*-Indazole

R^1 = H, Me

R^2 = H, Cl, Br, Me

Foram utilizados métodos ab initio e a teoria do funcional da densidade (DFT) para estudar as cinco formas tautoméricas do indazol nas fases gasosa e aquosa. Os tautómeros na fase gasosa foram optimizados aos níveis teóricos MP2/6-3IIG* (2d, 2p), B3LYP/6- 311G* (2d, 2p) e B3PW91/6-311G* (2d, 2p). Estudos computacionais sobre as três formas tautoméricas de quatro 1,5,6,7-tetrahidro-4H-indazol- 4- uns, 1 ,5,6,7- tetrahidro- 4H- indazol- 4- um, 6,6- dimetil-1,5,6,7- tetrahidro- 4Hindazol- 4- um, 3- metil-1,5,6,7- tetrahidro- 4H- indazol- 4-um, e 3,6,6-trimetil- 1,5,6,7-tetrahidro-4H-indazol- 4-um, foram efectuados a diferentes níveis, desde cálculos semi-empíricos AMi, ab initio HF/6-31G* e HF/6-31G**, até cálculos funcionais de densidade B3LYP/6-31G**. Estes cálculos foram utilizados para estabelecer o tautómero mais estável, que em todos os casos estava de acordo com os dados experimentais.

Ataque electrofílico ao carbono

Nitração

Foi efectuada uma revisão da síntese e das reacções dos nitropirazóis[(11)]. O pirazol1, após tratamento com ácido nítrico fumante/anidrido trifluoroacético, deu 3,4-dinitropirazol (22), enquanto o N-metilpirazol, nas mesmas condições de reação, deu 3-nitropirazol. As 1-metilpirazol-3-onas foram tratadas com ácido nítrico aquoso para dar 1-metil-4-nitropirazol-3-onas, que podem ser reduzidas por hidrogenação catalítica com paládio sobre carbono para dar 1-metil-4-aminopirazol-3-onas[(12)]. O 1,4- dimetilpirazol (23) foi convertido em 3,5- dinitro-1,4-dimetilpirazol (24) na presença de 2 volumes de ácido nítrico concentrado e 20 volumes de ácido sulfúrico em refluxo para assegurar rendimentos aceitavelmente reprodutíveis do produto. O pirazol pode ser imediatamente convertido em l-nitropirazol (25) com dióxido de dinitrogénio, que pode depois ser lentamente transformado em 1,4- dinitropirazol (26) na presença de zeólito F-720 H-faujasite[(13)]ou com dióxido de azoto em ozono[(14)]. A nitração de 5-cloropirazóis (27) com uma mistura de ácido nítrico concentrado a 100% e 65% de oleum ou com uma mistura de ácido nítrico a 60% e ácido polifosfórico (PPA) dá origem a 5-cloro-4-nitropirazóis substituídos (28). Os 4-cloropirazóis não sofreram nitração nestas condições e a nitração dos 3-aril-5-halopirazóis foi acompanhada pela introdução de um grupo nitro no anel aromático benzenóide.

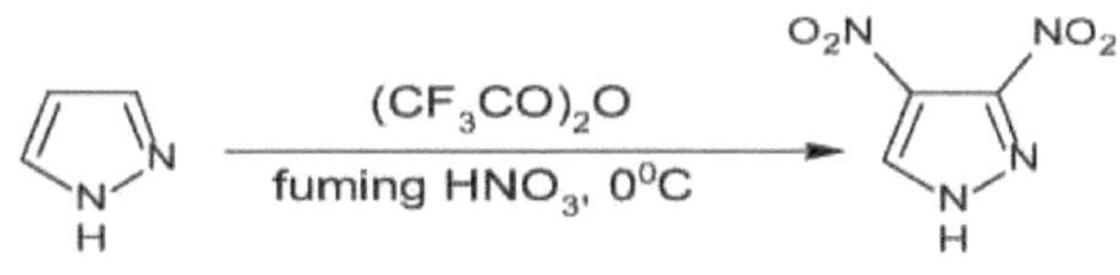

22

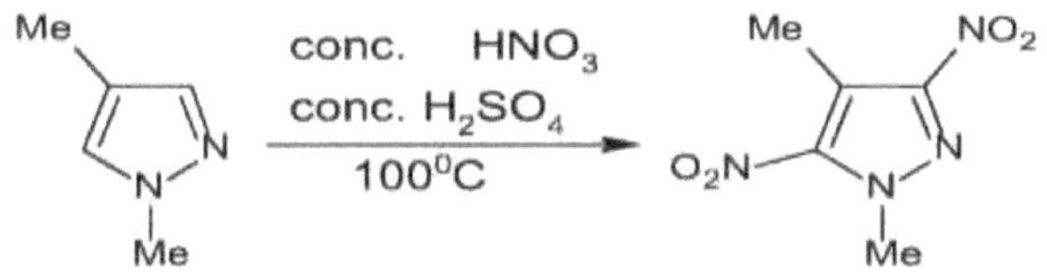

23 24

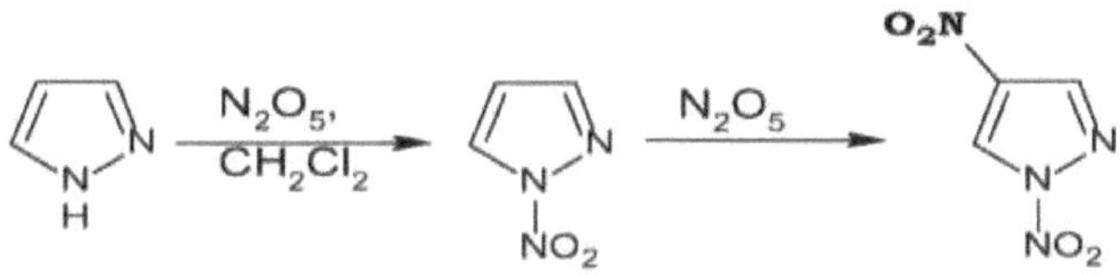

25 26

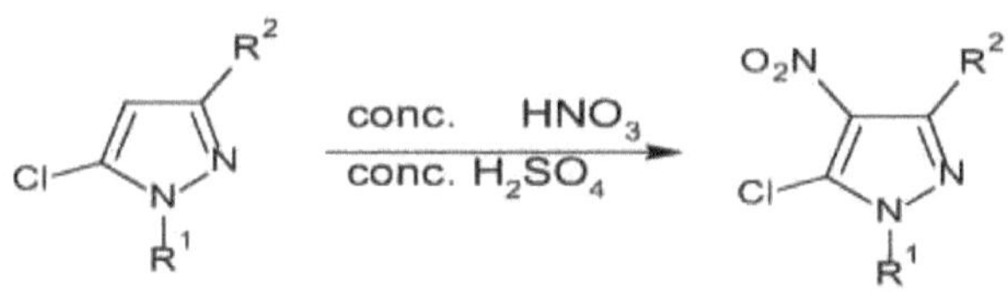

R^1 = Me, Et, n-C_7H_{15} R^2 = Me, Ar

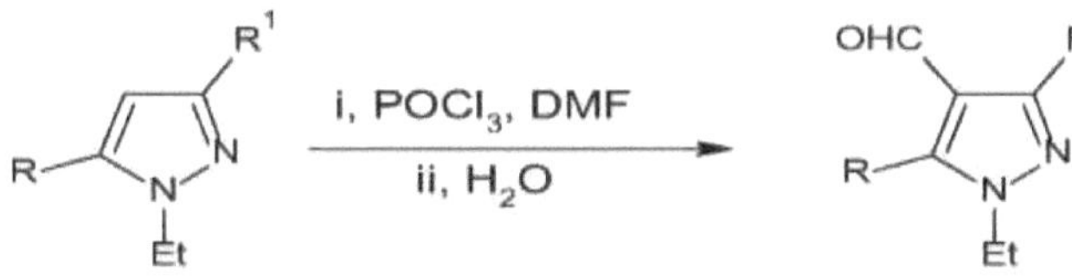

27 28

R = H R^1 = Me

Os 4-ceto-5-hidroxipirazóis foram utilizados como intermediários na síntese de compostos de anéis de pirazol fundidos. O 4-acetil-5-hidroxi-1-fenil-1H-pirazol (29) reagiu com cloreto de benzoílo e bis(trimetilsilil)amida de lítio para dar origem a uma dicetona intermédia, que foi ciclizada na presença de ácido para produzir 1,6-difenil-1H-pirano[2,3-c] pirazol-4-ona (30)[(15)]. Do mesmo modo, a condensação de Claisen de 4-acetil-5-hidroxipirazóis com ésteres, seguida de fechos de anéis catalisados por ácido, permitiu obter 1H-pirano[2,3-c]pirazol-4-onas. O 4-benzoil- 3-

Os cloropirazóis (31), preparados a partir de 4-benzoil-5-hidroxipirazóis (32) com oxicloreto de fósforo , foram convertidos em oximas, seguidas de ciclizações intramoleculares promovidas por bases, para dar 3-fenil- 6H-pirazolo[4,3-d]isoxazóis (33)[16].

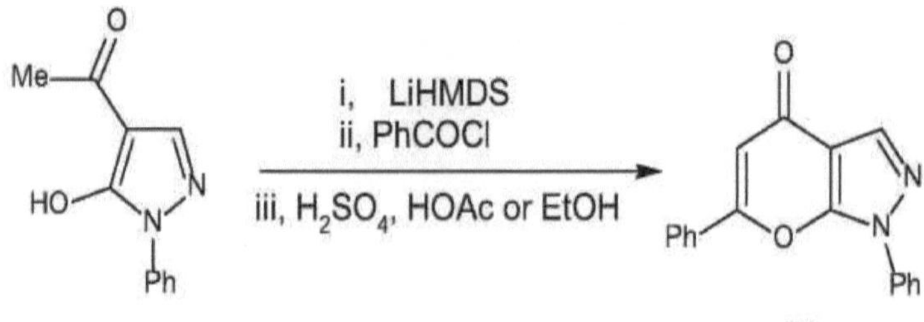

29 30

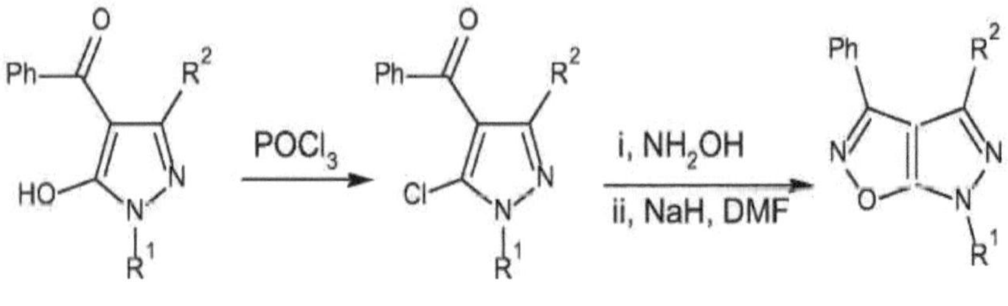

31 32 33

R^1 = Me, Ph

Átomos de halogéneo

Reacções de substituição nucleofílica

Desde o último relatório, foram relatadas muitas reacções neste domínio[17]. Os 5-cloropirazóis têm sido utilizados numa miríade de reacções de substituição nucleofílica nucleofílica. Várias

As substituições nucleofílico-heteroaromáticas em 5-cloropirazóis (34) ocorrem facilmente em DMF quente para dar pirazóis 5-substituídos (35). As reacções de substituição nucleofílica de 5-cloropirazóis (36) com aminas e tióis em condições moderadas dão origem a 5-alquilamino- e 5-alquiltiopirazóis (37)[18]. As reacções de substituição nucleofílica mediadas por fluoreto de 1-(4-metilsulfonil(ou sulfonamida)-2-

piridil)-5-cloro-4-cianopirazóis com várias aminas e álcoois, em condições suaves, para obter 5-alquilamino- e 5- alcoxipirazóis com rendimentos moderados a elevados. A substituição do 5-cloro-4-formil-l-fenilpirazol (38) por preniltiolato deu origem ao cloropirazol-4-carbaldehye (39), que é um sintetizador para a síntese de heterociclos policíclicos[19]. Exemplos incluem a síntese eficiente de tiopirano[5,6- c]cumarina/[6,5-c]cromonas através de reacções intramoleculares de Knoevenagel hetero-Diels-Alder com 4-hidroxicumarina e seus análogos benzo, e uma síntese rápida de mono- e bis-tetrahidropirazolo [49, 39:5, 6] tiopirano[4,3- b]quinolinas através de reacções de imino Diels-Alder. A reação do 5-cloro-l,3-dimetil-4-nitropirazol (40) com cianoacetato de etilo em DMSO, na presença de carbonato de potássio, conduziu ao acetato de etilo 2- ciano-2 (l,3- dimetil- 4-nitro- lH-pirazol-5-il) (41). Os 3-cloro-5,7-dinitroindazóis sofreram uma deslocação nucleofílica com morfolina em l,4-dioxano em refluxo para dar 3- morfolinoindazol[20]. 5-Aminopirazóis foram obtidos por reação direta do éster com arilamidas de lítio[21].

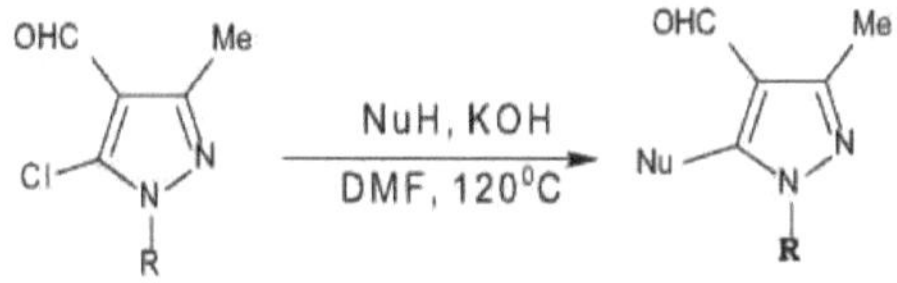

34 35

R = H, Me, Ph, 2-pyridyl NuH = nitrogen heterocycles, (thio)phenol, secondary amines

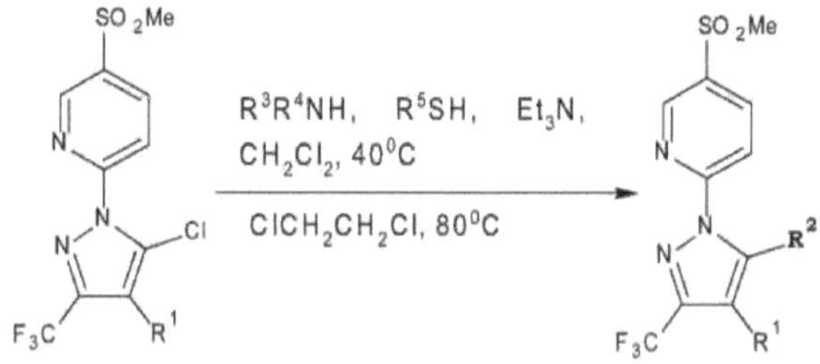

36 37

R^1 = H, CHO R^2 = NR^3R^4, SR^5

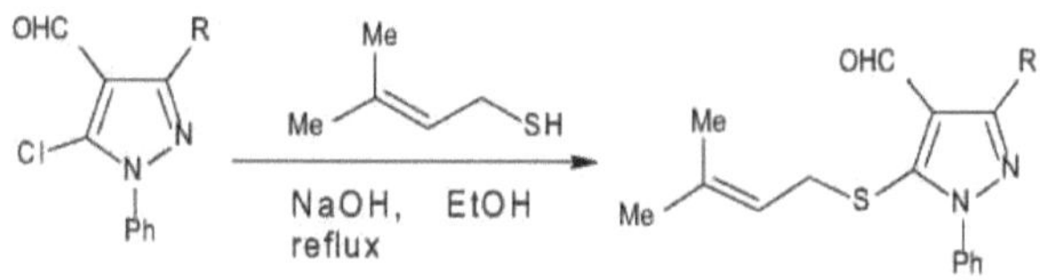

38 39

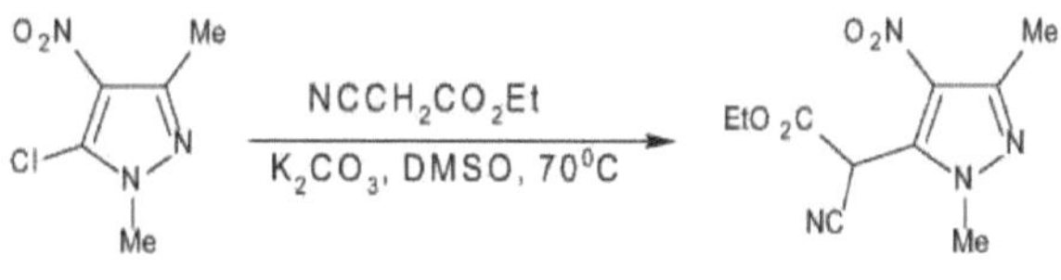

40 41

Sínteses classificadas por número de átomos do anel em cada composto

Síntese de anéis a partir de não heterociclos : Formação de uma ligação

(i) Via hidrazonas

(ii) Ciclização em condições básicas

A reação de cetonas enolizáveis com 1-alquil-l-cianohidrazina conduziu a cianohidrazonas, que ciclizaram em condições ligeiramente básicas para dar os correspondentes 5-aminopirazóis< 22). As aminohidrazonas foram submetidas a um processo de promoção de base heterociclização à temperatura ambiente para produzir 1- aminocarbonil-1H-pirazol-5(2H)-onas, que, por clivagem termo-solvulítica, deram origem a lH-pirazol-5(2H)-onas< 23). A síntese mediada por bases de 1,4-dihidrobenzopiranopirazóis foi conseguida com bromovinil-hidrazonas via [2p3] intramolecular num intermediário diazo< [24]).

Ciclizações em condições ácidas

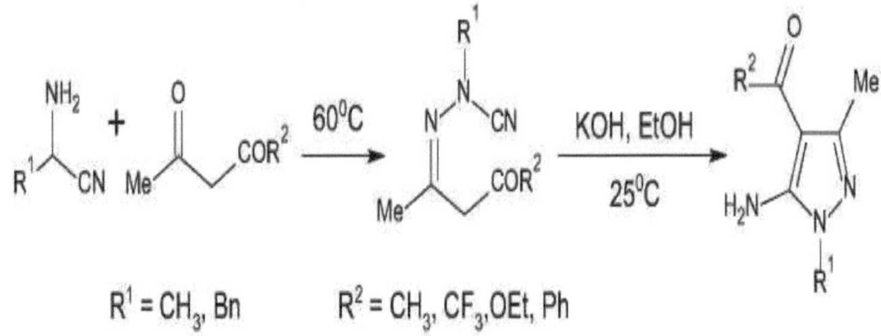

Os 1,4-adutos de hidrazona, preparados a partir de ácidos tiocarboxílicos e azoalcenos conjugados, reagiram com ácido trifluoroacético em clorofórmio em refluxo para dar 1-alcoxicarbonil-3-metil-4-cítio-5-alcoxipirazóis< [25]). As reacções com hidreto de sódio deram origem a produtos do tipo pirazolona, enquanto que em meios ácidos foram produtos de hidrólise. As adições de aza-Michael de hidrazonas a alcenos activados catalisadas por 1,4-Diazabiciclo[2,2,2]octano (DABCO) deram origem a produtos que sofreram ciclização para 4,5-dihidropirazóis após tratamento com ácido. A ciclização das hidrazonas com PPA deu origem a indazóis substituídos.

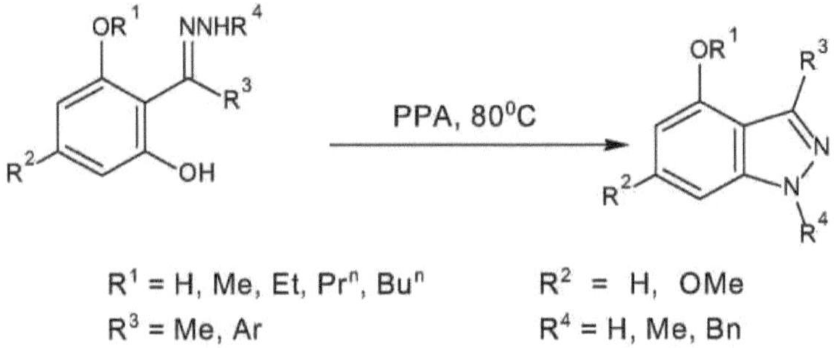

Ciclizações via Vilsmeier-Haack Condições

A condensação de ceto-ésteres de hidrazonas com o reagente de Vilsmeier produziu uma síntese geral de ésteres do ácido 1,3-diaril-4-pirazolacético. A adição regiosselectiva de óxidos de hidrazonofosfina litiados a isocianatos permitiu obter hidrazonoamidas funcionalizadas, que foram depois ciclizadas em 5-aminopirazóis com oxicloreto de fósforo na presença de trietilamina< [26]).

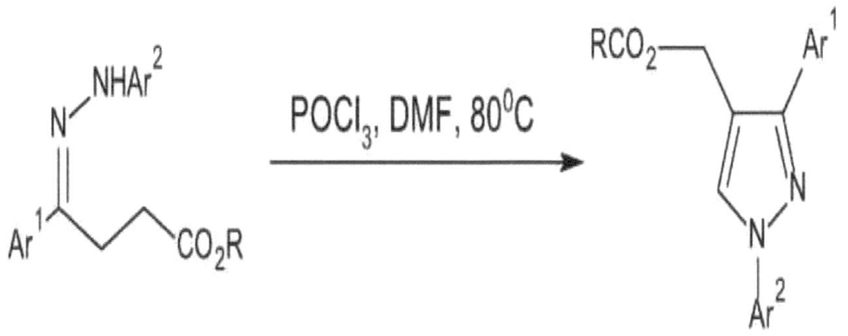

Compostos importantes e Aplicações

Pirazóis em química supramolecular

Foi comunicada a síntese de novos reagentes de quelação metálica de éter de coroa substituídos por 4-acilpirazol-5-ona; verificou-se que o éter de coroa é um reagente de extração eficaz e seletivo para iões metálicos[27]. Foi desenvolvida uma nova coroa diazaheteroaromática de 3,5-dissubstituído-lH-pirazol que forma complexos dinucleares sólidos com fenetilaminas lipofílicas[28]. Os bis- (3,5)pirazolofanos (anéis de 18 a 24 membros com unidades de pirazol anuladas) foram sintetizados por dupla ciclo-aditiva macrociclização de cloretos de bis-hidrazonoilo com éteres de bis-alilo, bis-vinilo e bis-propargilo[29].

Produtos farmacêuticos e agroquímicos

Nos últimos 15 anos, aproximadamente, os sistemas de anéis fundidos com pirazol encontraram numerosas aplicações nos esforços de descoberta de medicamentos e as actividades biológicas que utilizam estas estruturas resultaram em candidatos a medicamentos patenteados e aprovados. Por exemplo, o sildenafil é um inibidor seletivo da fosfodiesterase 5 (PDE5) e é o primeiro agente com este modo de ação para o tratamento da disfunção erétil masculina[30]. Este novo medicamento foi aprovado para utilização mediante receita médica nos Estados Unidos e na União Europeia em 1998 e tornou-se um dos medicamentos mais vendidos de todos os tempos. O celecoxib foi aprovado para a inibição da via enzimática COX-2 para o tratamento da artrite reumatoide[31]. O rimonabant é um medicamento em ensaios clínicos que apresenta uma elevada afinidade pelo recetor canabinóide CBi para o tratamento da obesidade [32-34].

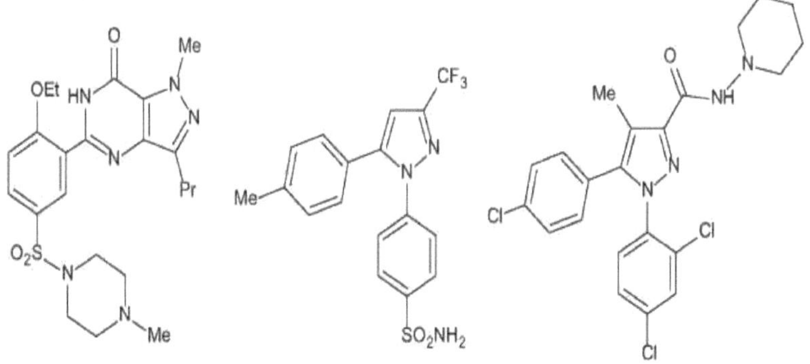

Sildenafil Celcoxib Rimonabant

Exemplos representativos de várias áreas terapêuticas mostram como os sistemas de anéis de pirazol ou de pirazol fundido podem ter aplicações variadas nos esforços de descoberta de medicamentos. Nos exemplos que se seguem, apenas serão apresentados exemplos de anéis de pirazol não fundidos ; são apresentados sistemas de anéis de pirazol não utilizados.

Agentes anti-inflamatórios

A inibição da p38 tornou-se um dos principais alvos no desenvolvimento de fármacos anti-inflamatórios, devido ao seu papel proeminente na regulação de citocinas inflamatórias, como o fator de necrose tumoral alfa (TNF) e a interleucina (IL-1). Os inibidores à base de pirazol do domínio cinase do recetor do fator de crescimento transformador beta (TGF) de tipo I (T-R-I) incluem análogos do 5,6- di-hidro-4H-pirrolo[1,2-b]pirazol[35].
Foram descritos análogos do BIRB, um membro da classe N-pirazol-N-naftil ureia de inibidores da proteína quinase activada por azoto (MAPK) p38[36]

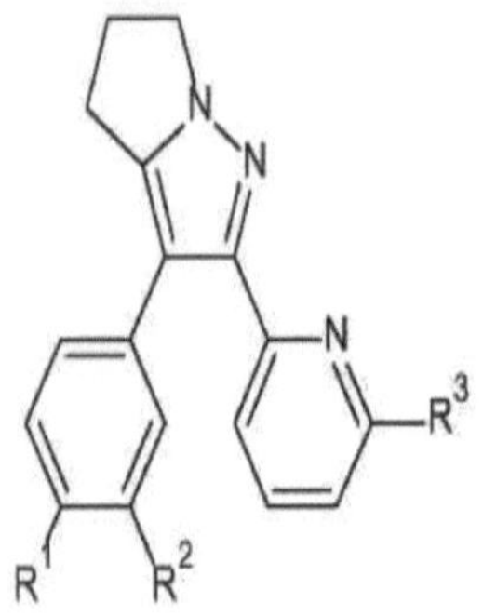

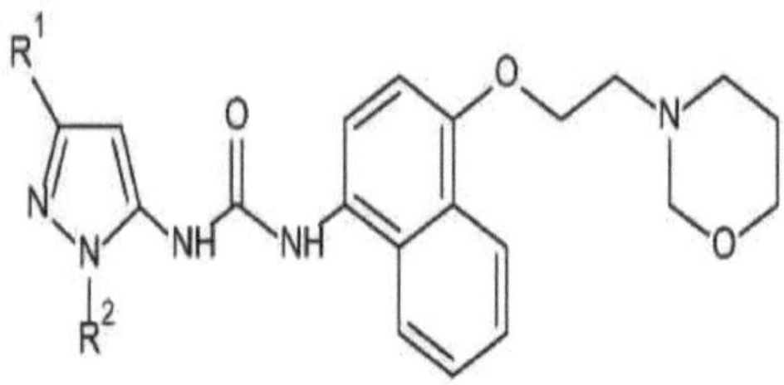

As enzimas COX, que catalisam o primeiro passo no metabolismo do ácido araquidónico, foram identificadas como os alvos moleculares de todos os fármacos anti-inflamatórios não esteróides (AINE). Foram descritos estudos SAR dos novos derivados 2-[3-di e trifluorometil-5-alquilaminopirazo- l-il]-5-metanossulfonil (SO_2Me)/sulfamoil (SO_2NH_2)-piridina para as enzimas COX caninas[37]; foram também relatados os análogos 5-alquiloxi e 5-alquiltio e 5-heteroaril-fenil[38]. Os l,3-diarilcicloalcanopirazóis foram identificados como inibidores selectivos da COX-2[39]

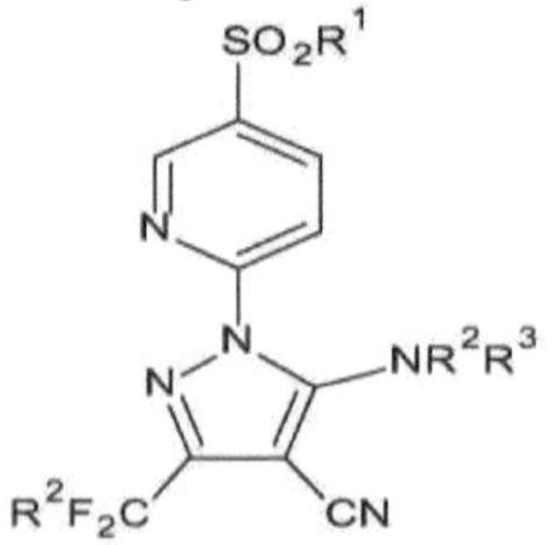

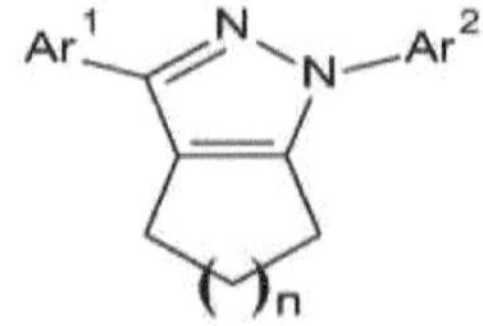

Agentes cardiovasculares

As doenças tromboembólicas continuam a ser a principal causa de morte e incapacidade nos países desenvolvidos. O fator IXa (fIXa) desempenha um papel fundamental na manutenção da homeostase interna na via intrínseca da cascata de coagulação. A inibição do fIXa constitui uma forma alternativa e viável de tratar a trombose resultante de lesões vasculares, tanto venosas como arteriais. Foram descritos inibidores selectivos e eficazes do fator IXahidroxipirazol[40]. O fator Xa tornou-se também um importante foco de intervenção farmacêutica na última década devido ao seu papel central na cascata da coagulação sanguínea. Foi examinada uma variedade de motivos P4 para aumentar a afinidade de ligação e a potência anticoagulante in vitro dos inibidores bifenílicos do fXa à base de l-(2-naftil)- lH-pirazol-5-carboxamida[41,42]. Verificou-se que as l-(3-amidinofenil)- lH-pirazol-4-carboxamidas são inibidores duplos dos factores IXa e Xa[43]

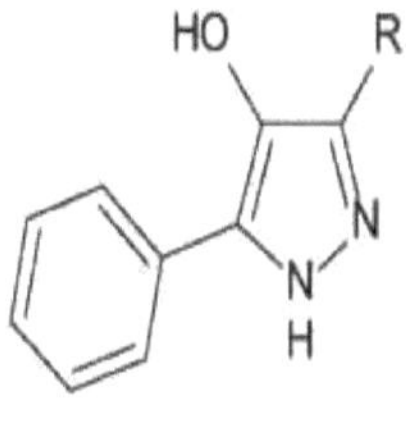

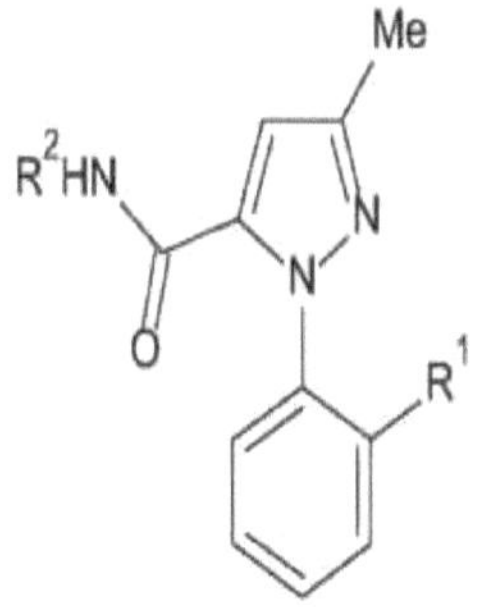

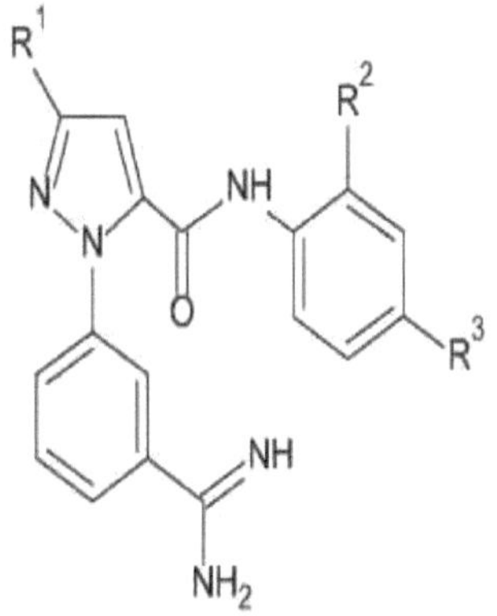

O sistema renina-angiotensina (SRA) desempenha um papel fundamental na regulação da homeostase cardiovascular e do equilíbrio eletrólito/fluido em indivíduos normotensos e hipertensos. A ativação da cascata renina-angiotensina inicia-se com a secreção de renina a partir do aparelho justaglomerular do rim e culmina com a formação do octapeptídeo angiotensina II (All), que depois interage com receptores específicos presentes em diferentes tecidos. Até ao momento, foram caracterizados dois tipos básicos de receptores, ambos com uma ampla distribuição: o recetor ATi, responsável pela maioria dos efeitos atribuídos a este péptido, e o recetor AT2, com um papel funcional ainda incerto. A síntese e a atividade farmacológica de uma nova série de 5-(bifenil-4-ilmetil)pirazóis como potentes antagonistas da angiotensina II, tanto in vitro (ligação de [3H]AII) como *in vivo (iv,* inibição do aumento da pressão sanguínea induzido por All, em ratos com pituitária; po, em ratos depletados de sódio tratados com furosemida) são relatadas[44].

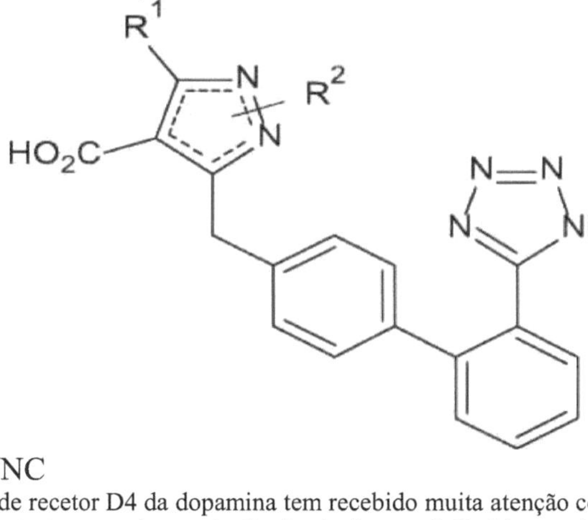

Aplicações no SNC

O subtipo de recetor D4 da dopamina tem recebido muita atenção como alvo farmacológico para o tratamento da esquizofrenia, da doença de Parkinson, da depressão e da perturbação de défice de atenção/hiperatividade (PHDA). Foram descritos derivados de piperidina 4-N-heterocíclicos com elevada afinidade e seletividade para os receptores D4 da dopamina humana[45]. Verificou-se que as biarilas substituídas por aminometilsubstituídos com uma fração de pirazol apresentam um agonismo parcial dopaminérgico para o subtipo de recetor D4

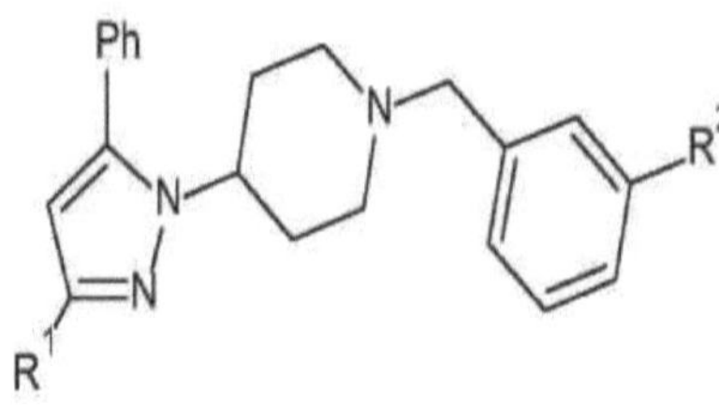

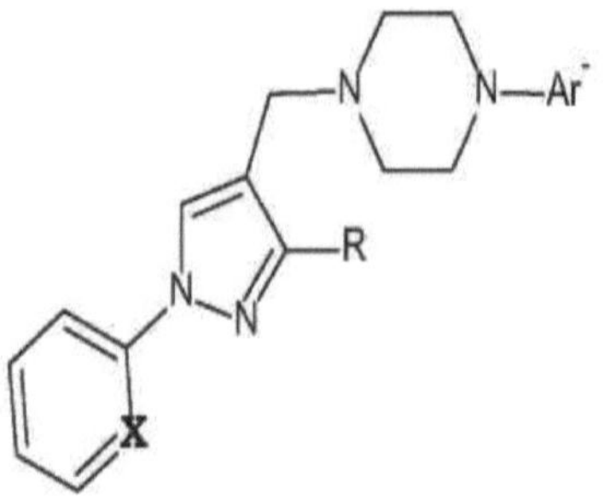

Os ligandos do recetor D2 da dopamina foram concebidos para o tratamento da esquizofrenia. Por exemplo, verificou-se que os l-aril-4-(piperazinilmetil)-lH-pirazóis são bons ligandos para o recetor D2 da dopamina[46].

Doenças infecciosas

Vários 4-[1H- imidazol- 1-il(fenil) metil]-1H-pirazóis 1,5-dissubstituídos têm foram sintetizados e avaliados quanto a actividades antibacterianas in vitro contra *Candida albicans, Cryptococcus neoformans* e *Staphylococcus aureuS*[47]. A atividade antimicrobiana dos carboxilatos de lH-pirazol foi divulgada. Foi divulgada a síntese e a atividade antibacteriana de 5-aril- ou 5-[(E)-2-arilvinil]pirazóis de inibidores da DNA girase[48]. Verificou-se que os 1,5-diaril-pirazol-3-carboxilatos têm uma potência melhorada na metionil-tRNAsintetase bacteriana e seletividade em relação à síntese do metionil-tRNA humano[49]. Foram sintetizados vários 3-(1-R-3(5)-metil-4-nitroso- 1H- 5(3)-pirazolil)- 5- metilisoxazóis e testada a sua atividade antibacteriana e antifúngicai[50]. Foram desenvolvidas (pirazolilfenil)-oxazolidinonas ligadas ao carbono com atividade antibacteriana contra bactérias Grampositivas resistentes a múltiplos fármacos e bactérias Gram-negativas fastidiosas[51] alguns pirazóis preparados a partir da hidrazida do ácido pirazol-4-carboxílico mostraram atividade antiviral.

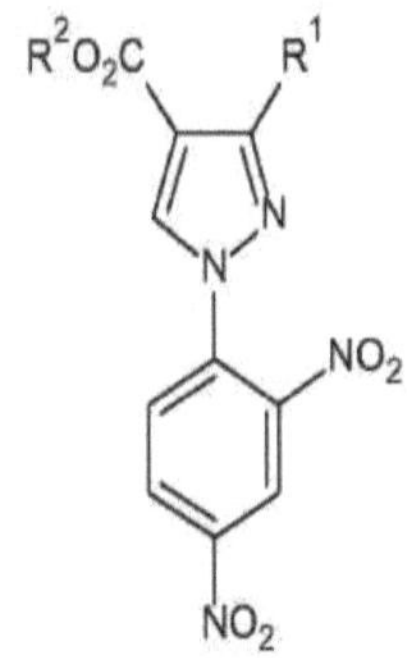

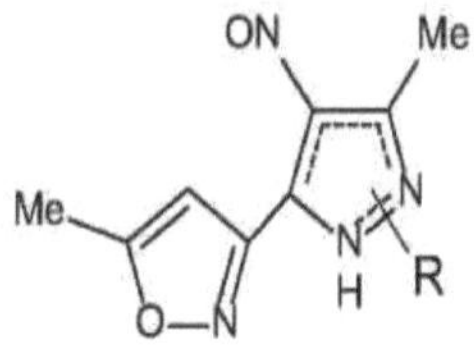

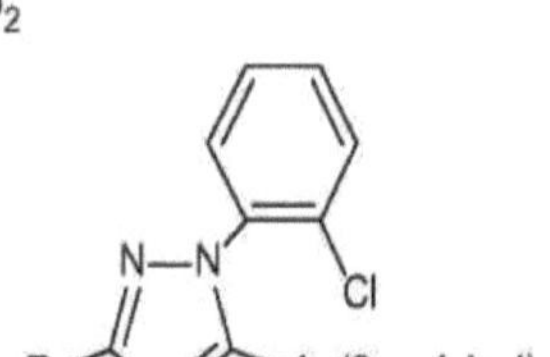

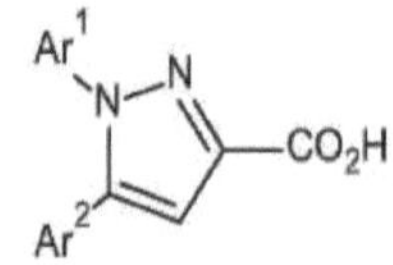

Desde a descoberta do recetor de quimiocinas CCR[5] como co-recetor com CD4 para a entrada nas células do vírus da imunodeficiência humana 1 (VIH-1), tem havido um interesse intenso na descoberta de antagonistas de pequenas moléculas do CCR5 como agentes potenciais para o tratamento da infeção pelo VIH-1. Os antagonistas do recetor CCR5 humano que contêm cadeias laterais de 4-(pirazolil) piperidina, como as pirrolidinas 4-substituídas, têm sido objeto de intensa investigação[52-54]. Foram comunicados inibidores não nucleósidos da transcriptase reversa do VIH-1 do tipo 1,5-difenilpirazol com uma atividade reforçada contra o vírus VIH-1[55]. A malária continua a ser uma das doenças mais importantes da humanidade, com mais de metade da população mundial em risco de infeção. Afecta principalmente as pessoas que vivem em zonas tropicais e subtropicais, com uma incidência de 500 milhões de casos por ano a nível mundial. A atividade antimalárica de análogos de 4-(5-trifluorometil-lH-pirazol-l-il) cloroquina foi avaliada in vitro contra um clone de Plasmodium falciparum resistente à cloroquina

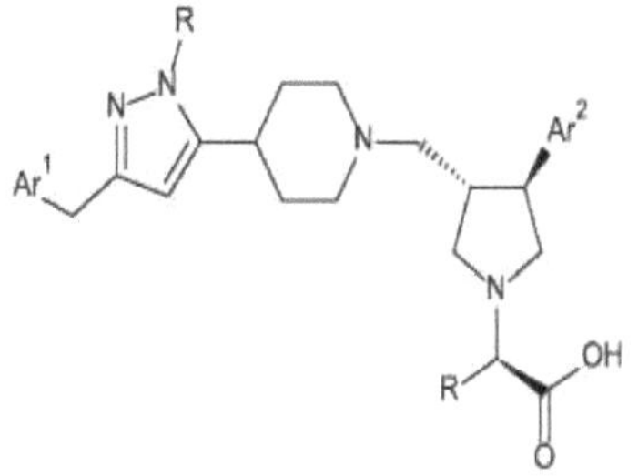

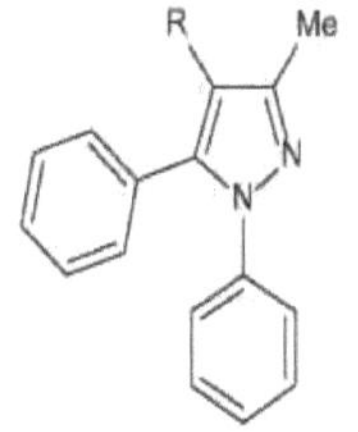

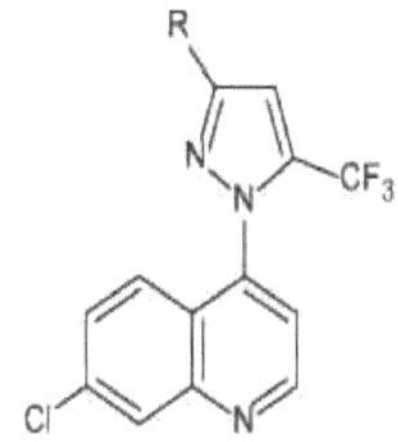

Doenças metabólicas

O papel fisiológico dos receptores CB ainda não é completamente compreendido, embora pareçam estar envolvidos em determinados processos fisiopatológicos, como a asma, a dor, a modulação do apetite, a esclerose múltipla, os vómitos, as doenças imunitárias e inflamatórias. Em particular, os ligandos selectivos dos receptores CBi podem produzir efeitos terapêuticos potencialmente benéficos, incluindo a prevenção do aumento de peso (tratamento da obesidade), mediada pela interação entre os receptores CBi, envolvidos no controlo do apetite. Uma série de 4,5-di-hidro-iH- benzo[g]indazole-3-carboxamidas mostrou uma elevada afinidade para os receptores CBi e CB2[(56)]. Foi sintetizada uma série de análogos N-i- e C-5-substituídos de cicloalquilo e C-5-4-metilfenilo da classe de ligandos canabinóides N-(piperidin-l-il)-4-metil-lH-pirazol-3-carboxamida[(57)]. Outros ligandos dos receptores de l,5-diarilpirazol, análogos próximos do rimonabant, tais como, foram sintetizados por várias empresas farmacêuticas. São descritas novas 3,4-diarilpirazolinas como potentes antagonistas dos receptores CBi com lipofilicidade

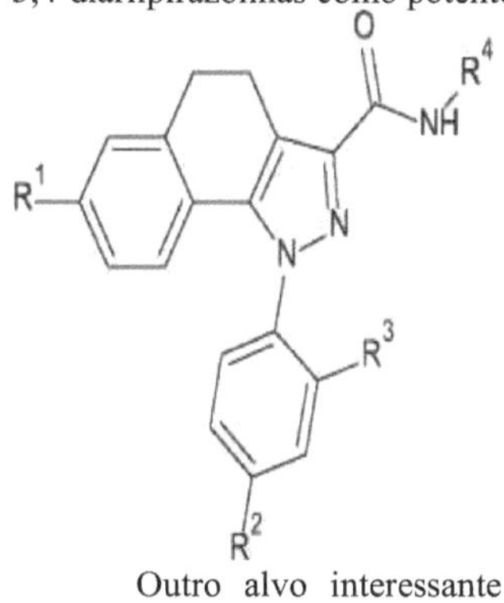

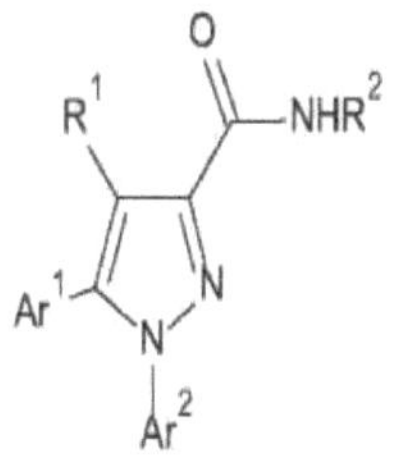

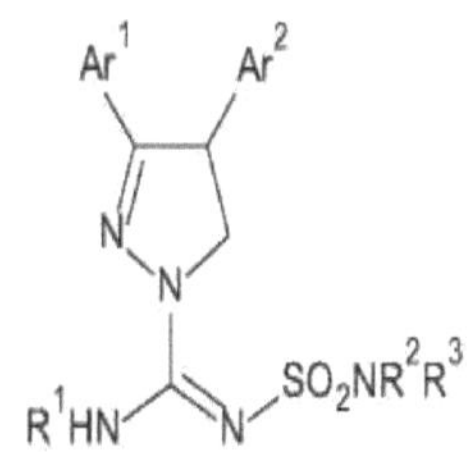

Outro alvo interessante para o tratamento da obesidade é o recetor 1 da hormona concentradora de melanina (MCHR-l). A otimização de um resultado de rastreio de alto rendimento contra o MCHR-1 levou à descoberta da 2-(4-benziloxifenil)-N-[l-(2-pirrolidin- l-iletil)- lH-indazol-6-il]acetamida. Verificou-se que este composto é um ligando de alta afinidade para o MCHR-1 e um potente inibidor da libertação de Ca2 mediada pelo MCH; apresentou uma boa exposição plasmática e no sistema nervoso central (SNC) após administração oral em ratos obesos induzidos por dieta, e é o primeiro antagonista do MCHR-1 relatado que é eficaz após administração oral num modelo crónico de peso. Variações substituídas por ureia também foram testadas quanto à atividade MCH-1. A síntese e a avaliação biológica de antagonistas 3-aminoindazol MCHR-1 foram relatadas

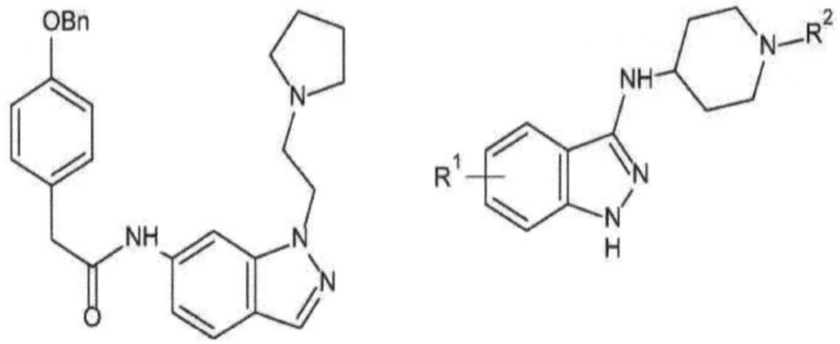

Yang Y et al. sintetizaram derivados de pirazóis a partir de 3-arilidnonas e 2-aril-1,1-dihalo-1-alcenos< [(58)] ·>

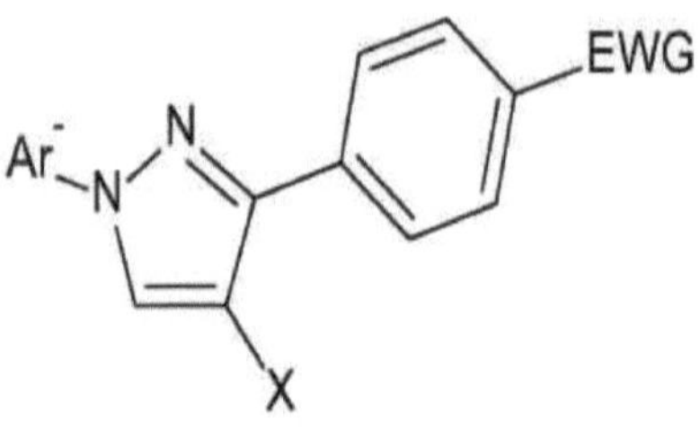

X = Cl, Br

Wu J et al. prepararam novos derivados de prazosle e testaram a sua atividade antifúngica[159]).

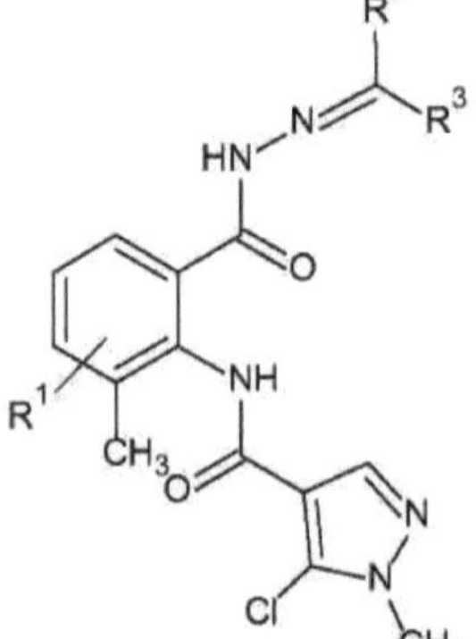

R^1, R^2 = H R^3 = 5- chloro-1,3-dimethyl-1H-pyrazol-4-yl

Pattan SR e colaboradores sintetizaram uma nova série de derivados de pirazol e analisaram a sua atividade anti-tuberculosa[60]).

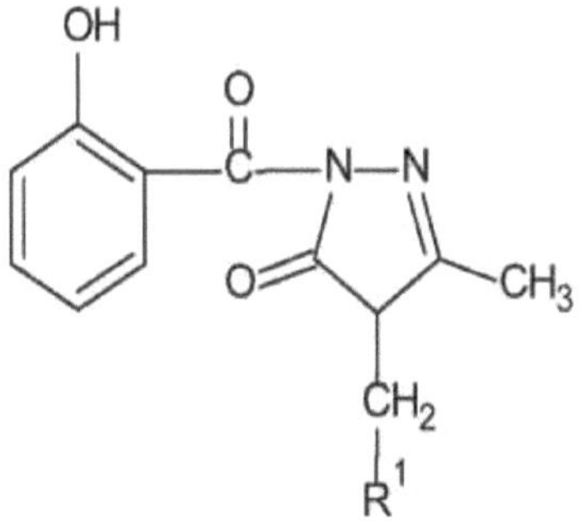

Rao RM e colaboradores prepararam alguns novos derivados de pirazol e testaram a sua atividade antimicrobiana![61]).

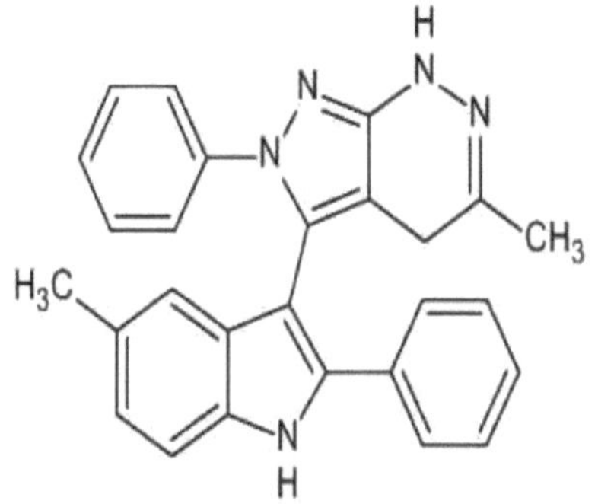

A síntese do seguinte derivado de pirazol foi discutida.

Secção I: [l-(5-alcoxy-l-methyl-3-phenyl-lH-pirazol-4-il)-metil-(Z)-ilideno] arilamina

Secção-II: N-(l,3-dimetil-5-ariloxi-lH-pirazol-4-il)-alquilamida

A análise espectroscópica e as actividades biológicas destes compostos são discutidas a seguir.

Secção - I
Preparação de [l-(5-alcoxi-l-metil-3-fenil-lH-pirazol-4-il)-metil-(z)-ilideno] arilamina

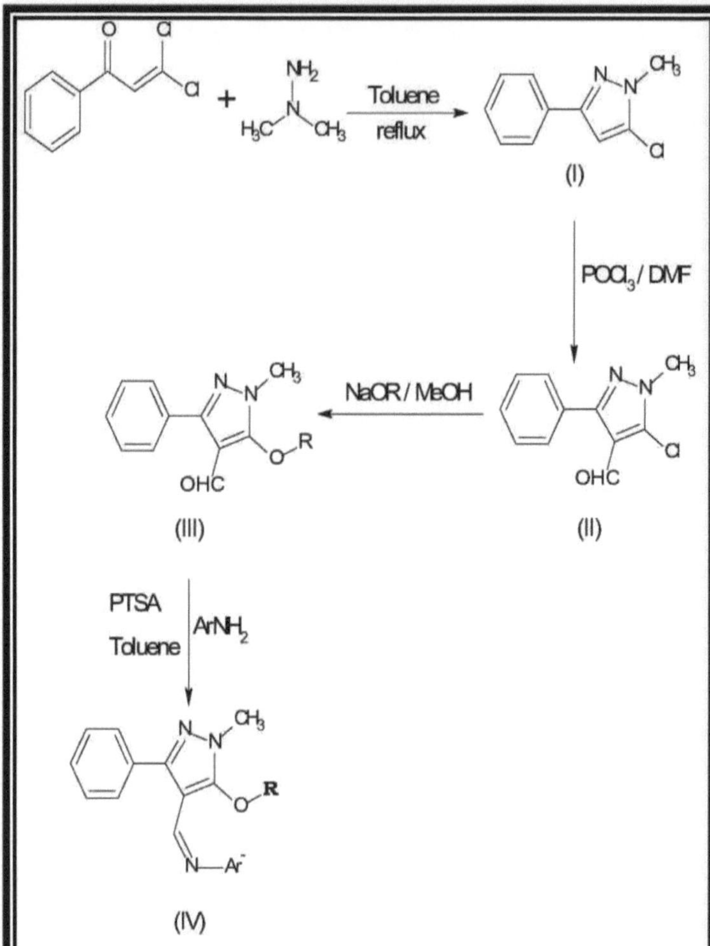

Where, Ar = Substituted Phenyl
R = Alkyl

Tabela: 1
Constante física da [l-(5-alcoxi-l-metil-3-fenil-lH-pirazol -4-yl)-meth-(z)-ylidene]-arylamine

Sr. Não.	-Ar	-R	Fórmula molecular	Peso molecular	P.M. (°C)	Rendimento (%)	Análise elementar					
							% C		% H		% N	
							Req.	Obs.	Req.	Obs.	Req.	Obs.
1	$-C_6H_5$	-Eu	C18H17N3O	291.18	140-145	60	74.21	74.27	5.88	5.79	14.42	14.48
2	$-C_6H_5$	-Et	C19H19N3O	305.19	153-157	73	74.73	74.63	6.27	6.34	13.76	13.68
3	$-C_6H_5$	-n-Pr	C20H21N3O	319.20	161-164	64	75.21	74.19	6.63	6.59	13.16	13.24
4	$-C_6H_5$	-n-Bu	C21H23N3O	333.21	180-183	76	75.65	75.59	6.95	6.87	12.60	12.66
5	$-C_6H_4CH3$	-Eu	C19H19N3O	305.19	171-175	79	74.73	74.69	6.27	6.33	13.76	13.79
6	$-C_6H_4C1$	-Eu	$C_{18}H_{16}C1N_3O$	325.63	192-196	72	66.36	66.39	4.95	4.87	12.90	12.83
7	$C_6H_4NO_2$	-Eu	C18H16N4O3	336.18	212-216	68	64.28	64.23	4.79	4.85	16.66	16.59
8	$-C_6H_4C1$	-Et	C19H18ClN3O	339.64	177-179	66	67.16	66.21	5.34	5.22	12.37	12.42
9	$-C_6H_4OH$	-Eu	C18H17N3O2	307.18	185-189	61	70.34	70.42	5.58	5.63	13.67	13.72
10	$-C_6H_4OH$	-Et	C19H19N3O2	321.19	191-195	57	71.01	70.10	5.96	6.01	13.07	13.02

Procedimento experimental

Preparação do 5-cloro-1-metil-3-fenil-1H-pirazol (I)

Uma suspensão de 3,3-dicloro-l-fenil-propenona (0,049 mol) e N,N-dimetil-hidrazina (10 ml) foi agitada em tolueno (50 ml) à temperatura ambiente durante 15 minutos. A suspensão foi mantida em refluxo durante 3-4 h, tendo-se verificado por TLC que a reação estava completa após 3-4 h. O solvente foi evaporado completamente sob vácuo e adicionou-se água (100 ml) ao resíduo. O produto sólido foi filtrado e lavado com água (20 ml), hexano (20 ml) e seco por sucção para obter o composto (I) com um rendimento de 85%. Ana Obs.: C- 62,41%, H-4,78%, N-14,59%; Calc. para $C_wH_9ClN_2$: C- 62,35%, H-4,71%, N-14,54%.

Preparação do 5-cloro-1-metil-3-fenil-1H-pirazol-4-carbaldeído (II)

O reagente de Vilsmeier-Haack foi preparado por adição de oxicloreto de fósforo (0,049 mol) em DMF (25 ml) a 0°C. Em seguida, o 5-cloro-1-metil-3-fenil-1H-pirazol (I) (0,049 mol) foi adicionado ao reagente a 0^{0}C. A mistura reacional foi agitada à temperatura ambiente e posteriormente a 60^{0}C durante 2 h. A reação

A mistura foi vertida numa solução aquosa saturada e fria de carbonato de sódio (100 ml) e agitada à temperatura ambiente durante 30 minutos. A massa reacional foi extraída com diclorometano (100 ml), a camada de diclorometano foi lavada com água (50 ml) e seca com sulfato de sódio. O diclorometano foi completamente evaporado para obter um sólido branco como composto (II) com um rendimento de 73%. Ana Obs: C-59,93%, H- 4,04%, N-12,77%.Calc. para C_nH9ClN_2O: C-59,88%, H- 4,11%, N-12,70%.

Preparação do 5-metoxi-1-metil-3-fenil-1H-pirazol-4-carbaldeído (III)

A uma mistura de 5-cloro-1-metil-3-fenil-1H-pirazol-4-carbaldeído (II) (0,022 mol) em metanol (10 ml) foi adicionado metóxido de sódio (0,045 mol). A massa reacional foi agitada à temperatura ambiente durante 2 h. O solvente foi completamente removido sob vácuo e adicionou-se água (10 ml) ao resíduo. O produto sólido foi separado por filtração, lavado com água e seco por sucção, obtendo-se o composto (III) com um rendimento de 81 %. Ana Obs: C-66,50%, H-5,65%, N-12,88%; Calc. para $C_{12}H_{12}N_2O_2$: C-66.65%, H-5.59%, N-12.95%.

Preparação de [1-(5-metoxi-1-metil-3-fenil- 1H-pirazol-4-il)-metil-(Z)-ilideno]-fenil-amina (VI) (SAi - Ol)

Uma mistura de 5- metoxi-1-metil-3-fenil-1H-pirazol-4-carbaldeído(III) (O.O13 mol), ácido p-tolueno sulfónico (1O mg) e anilina (O.OO15 mol) em tolueno (1O ml) foi refluxada azeotropicamente para remover a água durante 5 h. Após a conclusão da reação, o solvente foi completamente evaporado para dar um resíduo de cor amarela. Adicionou-se água (1O ml) ao resíduo, agitou-se durante 30 min e filtrou-se para obter o composto em bruto - O1. O sólido foi purificado em etanol aq. 1O% para obter o composto puro O1 com um rendimento de (6O%). Ana Obs: C-74.27%, H-5.79%, N- 14.48%; Calc. para $C_{18}H_{17}N_3O_2$: C-74.21%, H-5.88%, N- 14.42%.

A monitorização da reação e a pureza dos compostos foram verificadas por TLC em folha de alumínio de sílica gel 6O $_{F245}$ (E. Merck) utilizando hexano-acetato de etilo (5:5 V/V) e metanol-clorofórmio (2:8 V/V) como fase móvel e visualizadas sob luz UV a 254 nm.

Outros compostos da série (SAi - O2 a 1O) foram preparados utilizando um método semelhante e os seus dados físicos estão registados na Tabela-1.

Secção - II
Preparação de N-(l,3-dimetil-5-ariloxi-lh-pirazol-4-il)-alquilamida

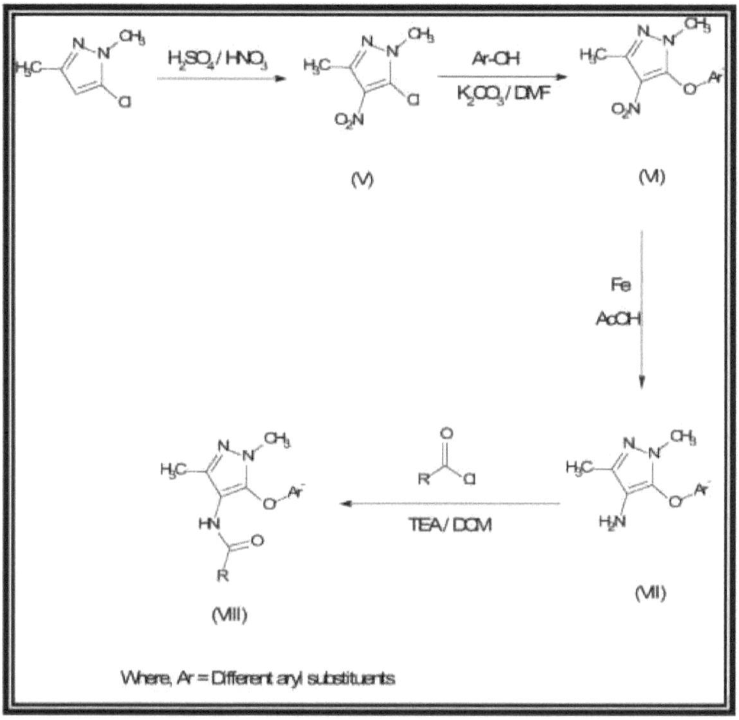

Quadro: 2

Constante física da N-(l,3-dimetil-5-ariloxi-lh-pirazol-4-il)-alquilamida

Sr. Não.	-Ar	-R	Fórmula molecular	Peso molecular	P.M. (°C)	Rendimento (%)	Análise elementar					
							% C		% H		% N	
							Req.	Obs.	Req.	Obs.	Req.	Obs.
11	$-C_6H_5$	-Eu	C13H15N3O2	245.13	131-134	77	63.66	63.61	6.16	6.19	17.13	17.07
12	$-C_6H_5$	-Et	C14H17N3O2	259.14	144-147	73	64.85	64.77	6.61	6.72	16.20	16.31
13	$-C_6H_5$	-n-Pr	C15H19N3O2	273.15	147-149	64	65.91	65.96	7.01	7.06	15.37	15.25
14	$-C_6H_5F$	-Eu	C13H14FN3O2	263.12	136-139	72	59.31	59.37	5.36	5.28	15.96	15.89
15	$-C_6H_5CH_3$	-Eu	C14H17N3O2	259.14	144-147	79	64.85	64.95	6.61	6.68	16.20	16.16
16	$-C_6H_5Cl$	-Eu	C13H14ClN3O2	279.58	174-176	81	55.82	55.91	5.04	5.11	15.02	15.09
17	$C_6H_5NO_2$	-Eu	C13H14N4O4	290.13	191-194	75	53.79	53.71	4.86	4.79	19.30	19.27
18	$-C_6H_5Cl$	-Et	C14H16ClN3O2	293.59	181-183	69	57.24	57.19	5.49	5.53	14.30	14.34
19	$-C_6H_5OH$	-Eu	C13H15N3O3	261.13	177-181	59	59.76	69.71	5.79	5.84	16.08	16.06
20	$-C_6H_5OH$	-Et	C14H17N3O3	275.14	193-195	63	61.08	61.12	6.22	6.18	15.26	15.31

Procedimento experimental

Preparação de 5-cloro-l,3-dimetil-4-nitro-lH-pirazol (V)

O con. HNO3 foi carregado a 0^0C para a mistura agitada de con. HaSO4(l0 ml) e agitar a 0^0C durante 30 min. O 5-cloro-l,3-dimetil-lH-pirazol (I) (0,076 mol) foi carregado, em porções, na mistura nitrante acima referida a 0^0C durante 10 minutos. A mistura reacional foi agitada a 60^0C durante 1 h. A mistura reacional foi agitada à temperatura ambiente e novamente a 60^0C durante 2 h. A mistura reacional foi vertida em água gelada (100 ml) e agitada à temperatura ambiente durante 30 min. O sólido foi separado por filtração, lavado com água e seco para dar um sólido amarelo pálido como composto (V) com um rendimento de 67%. Ana Obs. : C- 34.25%, H-3.49%, N-23.85% Calc. para C5H6CW3O2: C-34.20%, H-3.44%, N-23.93%.

Preparação de l,3-dimetil-4-nitro-5-fenoxi- lH-pirazol (VI)

A uma mistura de fenol (0,030 mol) em DMF (5 ml) adicionou-se carbonato de potássio (0,034 mol) e agitou-se à temperatura ambiente durante 30 minutos. 5-Cloro-l,3-dimetil- 4-nitro-lH-pirazol (V) (0,028 mol) em DMF (5 ml) foi adicionado à massa reacional acima referida e agitado a temperatura ambiente durante 4-5 h. Adicionou-se água (50 ml) à massa reacional e agitou-se durante 30 min. O produto sólido foi separado por filtração, lavado com água e seco por sucção para obter o composto (VI) com um rendimento de (80%). Ana Obs: C-56,69%, H-4,68%, N- 18,09%; Calc. para C11H11N3O3: C-56,65%, H- 4,75%, N-18,02%. Preparação da 1,3-dimetil-5-fenoxi-1H-pirazol-4-ilamina (VII)

Uma mistura de 1,3-dimetil-4-nitro-5-fenoxi-1H-pirazol (VI) (0,021 mol) e pó de ferro (0,200 g) foi agitada em ácido acético (10 ml) à temperatura ambiente durante 4 h. A mistura reacional foi temperada com uma solução de carbonato de sódio saturado e extraída com diclorometano. A camada de diclorometano (20 ml) foi lavada com água (10 ml) e evaporada completamente para dar cor castanha e obter o composto puro (VII) com um rendimento de 77%. Ana Obs: C- 65,06%, H-6,51%, N-20,61%; Calc. para C11H13N3O: C-65.01%, H-6.45%, N-20.67%.

Preparação da N-(1,3-dimetil-5-fenoxi-1H-pirazol-4-il)-acetamida(VIII) (SAII - 11)

Uma mistura de 1,3-dimetil-5-fenoxi-1H-pirazol-4-ilamina (VII) (0,016 mol) e TEA (0,024 mol) em diclorometano (5 ml) foi agitada a 0-5^0C durante 30 min. Adicionou-se cloreto de acetilo (0,019 mol) à solução acima referida a 0-5^0C e agitou-se durante 1h. A mistura reacional foi temperada com água e extraída com acetato de etilo (20 ml), lavada com água (10 ml) e seca. O solvente foi completamente evaporado para dar origem a um resíduo sólido, obtendo-se o composto 11 em bruto. O sólido foi purificado em etanol 10 % aq. para obter o composto puro 11 com um rendimento de 56%. Ana Obs: C-63,69%, H-6,11%, N- 17,18%; Calc. para C13H15N3O2: C- 63.66%, H-6.16%, N-17.13%.

A monitorização da reação e a pureza dos compostos foram verificadas por TLC em folha de alumínio de sílica gel 60 F245 (E. Merck) utilizando hexano-acetato de etilo (5:5 V/V) e metanol-clorofórmio (2:8 V/V) como fase móvel e visualizadas sob luz UV a 254 nm.

Outros compostos da série (SAn - 11 a 20) foram preparados utilizando um método semelhante e os seus dados físicos estão registados na Tabela-2.

Capítulo 3

RESULTADOS E DISCUSSÃO

Resultados e discussão

Neste capítulo, os resultados obtidos no decurso da presente investigação são discutidos na secção seguinte:

Secção I: Análise espectroscópica

Determinámos as estruturas dos compostos sintetizados através dos seus espectros de infravermelhos (IR), de ressonância magnética de protões (PMR) e de massa.

Espectros IR

Introdução

A espetroscopia de infravermelhos é uma das técnicas espectroscópicas mais comuns utilizadas pelos químicos orgânicos e inorgânicos. Simplesmente, é a medição da absorção de diferentes frequências de IV por uma amostra posicionada no trajeto de um feixe de IV.

O principal objetivo da análise espectroscópica de IV é determinar os grupos químicos funcionais na amostra. Diferentes grupos funcionais absorvem frequências caraterísticas da radiação IV. Utilizando vários acessórios de amostragem, o espetrómetro de IV pode aceitar uma vasta gama de tipos de amostras, tais como gases, líquidos e sólidos. Assim, a espetroscopia de IV é uma ferramenta importante e popular para a elucidação estrutural e identificação de compostos.

A informação sobre a absorção de IV é geralmente apresentada sob a forma de um espetro com comprimento de onda ou número de onda e intensidade de absorção ou percentagem de transmitância. A região do IV é normalmente dividida em três áreas mais pequenas. IR próximo, IR médio e IR distante. Concentrámo-nos na região do IV médio mais frequentemente utilizada, entre 4000-400 cm^{-1}.

Espectro PMR

Utilizações gerais

> Identificação e comprovação da estrutura de compostos químicos.

> Determinação quantitativa da amostra compostos.

> Informações pormenorizadas sobre o espaço orientação dos núcleos numa molécula.

> Estudos de sistemas dinâmicos, incluindo equilíbrios químicos, movimentos moleculares e interações intermoleculares.

Aplicações comuns

> Amplamente aplicado para prova de estrutura em química sintética, química de produtos naturais e bioquímica.

> Determinação da estereoquímica e da estereoquímica superior estruturas de ordem em moléculas de todos os tamanhos.

> Análise conformacional, incluindo avaliação de misturas em equilíbrios conformacionais.

> Seguir o curso das reacções químicas por identificação e quantificação das matérias-primas e dos produtos.

> Interações intermoleculares, como a formação de pares iónicos ou interações enzima-substrato.

> O estudo de trocas químicas, como o tautomerismo de ligações de valência.

Introdução

Em 50 anos, desde a primeira observação da ressonância magnética nuclear/ protónica (RMN), a técnica tornou-se uma ferramenta indispensável para os químicos. Nos primeiros anos, as

aplicações da RMN de protões foram rapidamente alargadas aos estudos estruturais de todos os principais tipos de compostos orgânicos. A utilidade da RMN no estudo de sistemas químicos dinâmicos e na análise conformacional também se tornou evidente.
O desenvolvimento de potentes ímanes supercondutores e a introdução da técnica de transformada de Fourier pulsada (FT) aumentaram consideravelmente a sensibilidade e o poder de resolução do método.

A melhoria da sensibilidade permitiu alargar a RMN a quase todos os elementos da tabela periódica. O espetrómetro de RMN atual incorpora os avanços dos últimos 50 anos num instrumento versátil e fácil de utilizar. A aquisição e o processamento automatizados de dados permitem o acesso às experiências mais úteis numa base de rotina.

A aplicação prática da espetroscopia de RMN ao estudo da estrutura de compostos complexos só se tornou possível após a descoberta, em 1951, de que o espetro do etanol consiste em três sinais individuais correspondentes à ressonância dos protões metilo, metileno e hidroxi e de que os sinais de diferentes grupos de núcleos magnéticos em moléculas líquidas dão origem a uma divisão mais fina que depende do número e do carácter dos núcleos contidos na molécula. Dado que, no caso do etanol, o núcleo envolvido é o protão, o espetro é frequentemente designado por espetro de ressonância magnética de protões (PMR), para o diferenciar dos espectros que envolvem núcleos como ^{13}C, ^{14}N ou ^{19}O.

Espectro de massa

Utilizações gerais

> Identificação de compostos orgânicos por virtude do padrão de fragmentação.

> Determinação do peso molecular.

> Elucidação das caraterísticas estruturais de um molécula desconhecida.

> Determinação da incorporação isotópica de isótopos estáveis.

> Estimativa da composição elementar com base em aparecimento e multiplicidade de picos isotópicos.

Aplicações comuns

> Identificação de factores ambientais comuns contaminantes.

> Identificação de drogas e metabolitos de drogas.

> Verificação ou conformação do produto ou produtos de síntese orgânica.

> Determinação do grau de incorporação de um composto marcador marcado com isótopos estáveis no pool biológico de hormonas ou outros transmissores químicos.

> Determinação da cinética da biossíntese ou da renovação de uma substância química orgânica como precursor ou como metabolito num sistema biológico.

Introdução

A espetroscopia de massa foi originalmente concebida por físicos no início do século para determinar a relação massa/carga (m/z) de partículas carregadas em virtude do seu comportamento em campos magnéticos e eléctricos. O interesse inicial dos físicos consistia em provar a existência de isótopos de vários elementos. A espetrometria de massa orgânica foi cultivada por cientistas da indústria petrolífera a partir da década de 1940. A espetrometria de massa expandiu-se para aplicações biomédicas na década de 1970.

Em geral, a espetrometria de massa é uma técnica microanalítica que requer um processo energético para converter um número significativo de moléculas do analítico numa espécie carregada, de modo a que a razão (m/z) da forma carregada do analítico possa ser determinada. Um determinado composto é convertido numa espécie carregada através de um dos vários processos de ionização disponíveis.

Um espetrómetro de massa bombardeia a substância sob investigação com um feixe de electrões e regista quantitativamente o resultado como um espetro de fragmentos de iões positivos. Este registo é um espetro de massa. A separação dos fragmentos de iões positivos é feita com base na massa (estritamente, massa/carga, mas a maioria dos iões tem uma única carga).

Espectros IR

Estudo espetral de infravermelhos da [1-(5-metoxi-1-metil-3-fenil-1H-pirazol-4-il)-metil- (Z)-ilideno]-fenil-amina (O1)

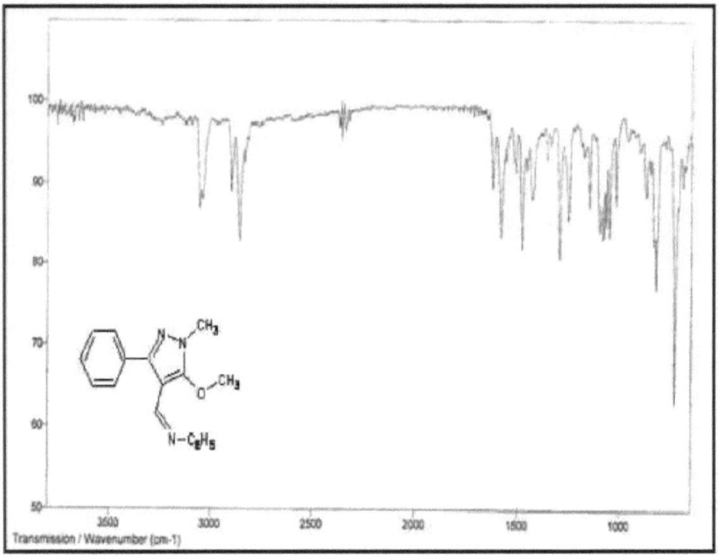

Técnica de amostragem: KBr Pellet Instrumento : PerkinElmer *Spectrum 100*
Gama de frequências : 4000-400 $_{cm^{-1}}$

Tipo	Modo de vibração	Frequência cm^{-1}
Alceno	$=CH_2$	3O6O 68O
Alquilo	CH3	284O 133O
Aryl	C=C	155O
Éter	C-O	113O

Estudo espetral de infravermelhos da N-(1,3-dimetil-5-fenoxi-LH-pirazol-4-il)-acetamida (11)

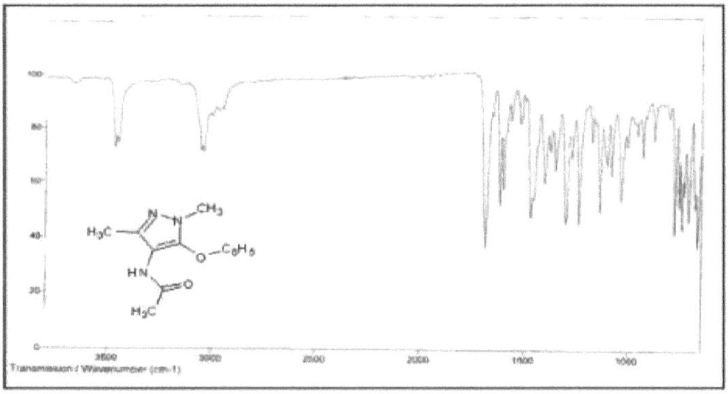

Técnica de amostragem : Película KBr
Instrumento : PerkinElmer *Spectrum 100*
Gama de frequências : 4000-400 cm^1

Tipo	Modo de vibração	Frequência cm^{-1}
Amida	-NH	3420
Alceno	$=CH_2$	3070 1000
Alquilo	CH3	2860 1410
Aryl	C=C	1680
Éter	C-O	1180

Espectros de RMN

Estudo espetral por RMN da [1-(5-metoxi-1-metil-3-fenil-1H-pirazol-4-il)-metil- (Z)-ilideno]-fenil-amina (Ol)

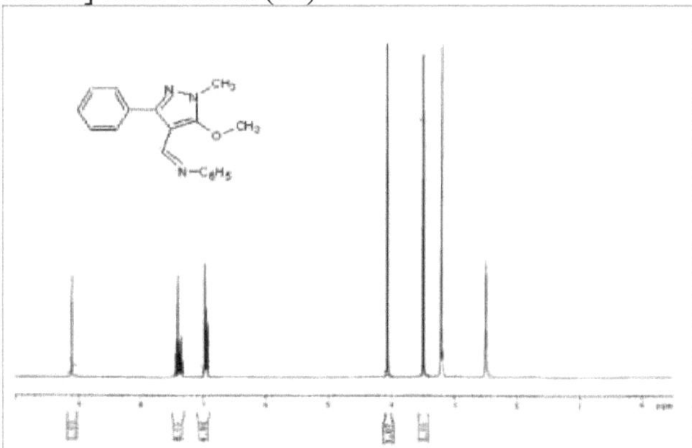

Instrumento : Brukers *400 MHz FT-NMR*
Padrão : TMS

Solvente : *DMSO d_6*

8 ppm	Multiplicidade	N.º de protões	Inferência
3.48	s	3H	CH3
4.O6	s	3H	CH3
6.9O-7.OO	m	5H	5ArH
7.31-7.52	m	5H	5ArH
9.13	s	1H	CH

Estudo do espetro de massa do N-(l,3-Dimetil-5-fenoxi-LH-pirazol-4-il)-acetamida (ll)

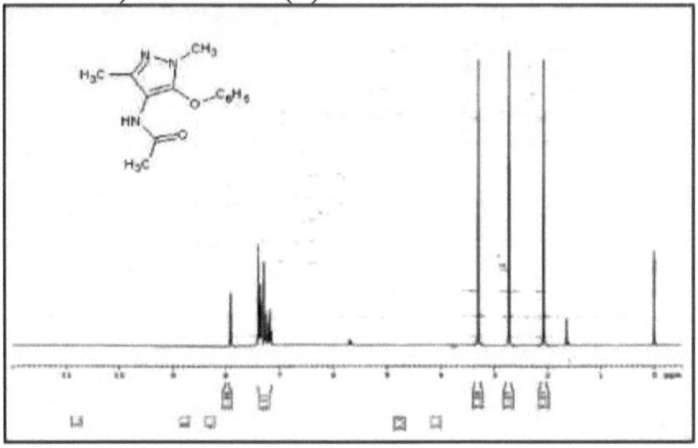

Instrumento : Bruker *400 MHz FT-NMR*
Padrão : *TMS*
Solvente : *CDCl3*

8 ppm	Multiplicidade	N.º de protões	Inferência
2.04	s	3H	CH3
2.77	s	3H	CH3
3.32	s	3H	CH3
7.l0-7.43	m	SH	SArH
7.89	s	lH	NH

Espectro de massa

Estudo do espetro de massa da [l-(5-Metoxil-l-metil-3-fenil-lH-pirazol-4-il)-metil- (Z)-ilideno]-fenil-amina (Ol)

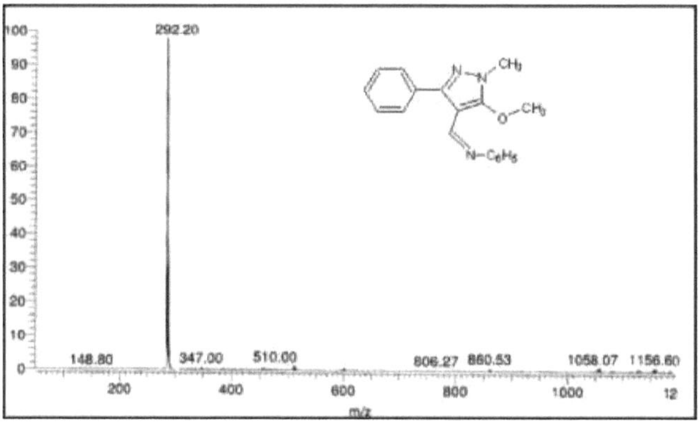

N.º Sr.	M.W.	M.F.	Massa (m/z)
Ol	291	CI_8HI_7N3O	292.2O

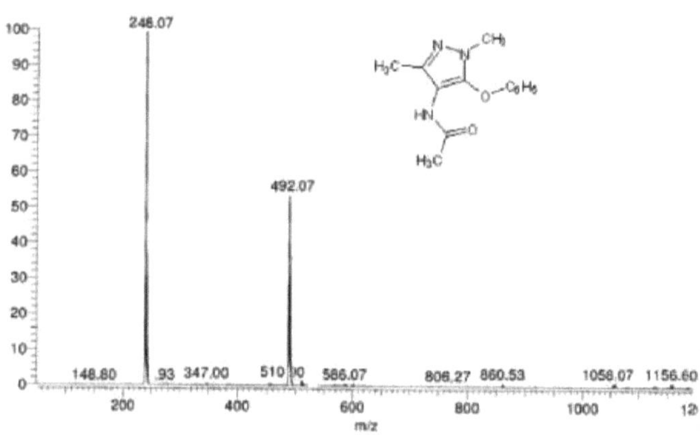

N.º Sr.	M.W.	M.F.	Massa (m/z)
ll	245.28	CI3HI5N3O2	246

Neste capítulo, os resultados obtidos no decurso da presente investigação são discutidos na secção seguinte:

Secção-II: Avaliação biológica

Actividades Antibacterianas dos Compostos Sintetizados no Capítulo - II.

As actividades antibacteriana e antifúngica foram estudadas submetendo os compostos a um rastreio farmacológico através de procedimentos padrão[1]. Todos os compostos sintetizados na presente investigação foram testados quanto à sua atividade antimicrobiana. As actividades antibacterianas foram testadas em meio nutriente contra *Streptococcus pyogenes, Staphylococcus aureus, Escherichia coli* e *Pseudomonas aeruginosa.* A atividade antifúngica foi testada em dextrose de batata como meio contra *Aspergillus niger* e *Candida albicans.*

Bactérias

Em 1928, o cientista alemão C. E. Chrenberg utilizou pela primeira vez o termo "bactéria" para designar pequenos organismos microscópicos com uma estrutura relativamente simples e forma primitiva da organização celular conhecida como "procariótica". O médico dinamarquês Gram, em 1884, descobriu a famosa coloração de Gram que categoriza as bactérias em duas grandes divisões: "Gram-positivas" e "Gram-negativas". As bactérias Gram-positivas resistem à descoloração com acetona, álcool e permanecem coradas de púrpura escuro (violeta de metilo), enquanto as bactérias Gram-negativas são descolorizadas[2].

Espécies: *Staphylococcus aureus*

As células individuais de S. *aureus* têm 0,8 a 0,9 micro de diâmetro. São ovóides ou esféricas, não móveis, não capsuladas, não esporuladas, coradas com corantes de anilina comuns e gram positivas, tipicamente dispostas em grupos de aglomerados irregulares como ramos de grupos encontrados no pus, individualmente ou em pares. A temperatura óptima para o crescimento é de 37^0C e o pH ótimo é de 7,4 a 7,6. Produzem pigmento amarelo dourado, que se desenvolve melhor à temperatura ambiente. Causam condições pirogénicas de formação de pus [supurativas], mastite de mulheres e vacas, furúnculos, carbúnculos, impetigo infantil, abcessos internos e intoxicação alimentar.

Espécies: *Streptococcus pyogenes*

O Streptococcus pyogenes é patogénico para o ser humano e encontra-se em dores de garganta, amigdalite folicular, septicemia, endocardite ulcerosa aguda ou maligna, etc. Trata-se de cocos esféricos com 0,5 a 0,75 micro de diâmetro, dispostos em cadeias moderadamente longas de cocos redondos e facilmente diferenciados dos enterococos que formam cadeias curtas de 2 a 4 esferas. *O Streptococcus pyogenes* é recentemente isolado da garganta ou de outras lesões; apresentam colónias mucóides ou foscas. Ao serem mantidos no laboratório, sofrem uma variação para um tipo brilhante. Os estreptococos são susceptíveis aos agentes destrutivos, à penicilina e às sulfomamidas.

Espécies: *Escherichia coli*

A E. coli é o tipo mais importante desta espécie, que contém uma série de outros tipos. A Escherichia coli foi descoberta em 1885 nos rostos dos recém-nascidos e mostrou os organismos nos testes efectuados três dias após o nascimento. É um comensal do ser humano e encontra-se no trato intestinal de homens e animais e também se encontra na água de esgoto, terra, solo contaminado por matérias fecais. Os bastonetes gram-negativos têm um tamanho de 2 a 4 micro por 0,4 micro, sendo normalmente observados em

Na forma coccobacilar e raramente na forma filamentosa. São anaeróbios facultativos e crescem em todos os meios laboratoriais. As colónias são circulares, elevadas, lisas e emitem um odor fecal. *As E. coli* são geralmente não patogénicas e são incriminadas como agentes patogénicos porque, em certos casos, se verificou que algumas estirpes produziam septicemia, inflamações do fígado e da vesícula biliar, apêndice, meningite, pneumonia e outras infecções e esta espécie é um agente patogénico reconhecido no domínio veterinário.

Espécies: *Pseudomonas aeruginosa*

A P. aeruginosa ocorre como um comensal no intestino do homem e dos animais, mas quando o mecanismo de defesa do organismo é deficiente. Actua como um agente patogénico menor, produzindo feridas supurativas, otite média, peritonite, cistite, broncopneumonia e empiema. Nas crianças, provoca diarreia e septicemia. O pus produzido pela *P. aeruginosa* é azul-esverdeado. Trata-se de organismos gram-negativos, ativamente móveis, não esporulados, de 1,5-3 micro por 0,5 micro, com extremidades arredondadas e flagelos bipolares. Ocorrem isoladamente ou aos pares, em cadeias curtas. Crescem bem em meios normais em condições aeróbias, produzindo pigmento difusível.

Fungos

Espécies: *Candida albicans*

A Candida albicans pode permanecer como um comensal da membrana mucosa sem causar quaisquer alterações patológicas nos tecidos mais profundos da pele. Este fungo, em condições favoráveis, pode causar micoses superficiais, intermédias ou profundas, dependendo do estado do hospedeiro.

Espécies: *Aspergillus niger*

Os *Aspergillus niger* estão disseminados na natureza, sendo encontrados em frutos, vegetais e outros substratos, que podem fornecer nutrientes. Algumas espécies estão envolvidas na deterioração de alimentos. São importantes do ponto de vista económico porque são utilizados numa série de fermentações industriais, incluindo a produção de ácido cítrico e ácido glucónico. Os Aspergilli crescem em altas concentrações de açúcar e sal, indicando que podem extrair a água necessária para o seu crescimento de substâncias relativamente secas.

Técnica de avaliação

As seguintes condições devem ser satisfeitas para o rastreio da atividade antimicrobiana:

> Deve haver um contacto íntimo entre os organismos de ensaio e a substância a avaliar.
> Devem ser fornecidas as condições necessárias para o crescimento de microrganismos.
> As condições devem ser as mesmas durante todo o estudo.
> Deve ser mantido um ambiente assético/estéril.

Vários métodos têm sido utilizados de tempos a tempos por diversos trabalhadores para avaliar a atividade antimicrobiana. A avaliação pode ser efectuada através dos seguintes métodos![3,5]). - Método métrico turvo.

- Método de diluição em estrias de ágar.
- Método de diluição em série.
- Método de difusão em ágar.

As técnicas seguintes são utilizadas como método de difusão em ágar:

- Método do copo de ágar.
- Método da vala de ágar.
- Método do disco de papel.

O método de diluição em caldo, um teste de suscetibilidade bacteriana *in vitro* não automatizado amplamente utilizado, tem sido utilizado para avaliar a atividade antimicrobiana.

É um método clássico que produz um resultado quantitativo para a quantidade de agente antimicrobiano necessária para inibir o crescimento de microrganismos. É efectuado em tubos.

- Método de macrodiluição em tubos.
- Formato de microdiluição utilizando tabuleiros de plástico.
- No presente protocolo, utilizámos o formato de microdiluição.

Determinação do nível bactericida mínimo Concentrações (MBC) pelo método de diluição em caldo:

Método de diluição

Concentrações bactericidas mínimas (CBM)

A principal vantagem do "método de diluição em caldo "* para a determinação do CBM reside no facto de poder ser facilmente convertido para determinar também o CBM.

1. Foram preparadas diluições em série para o rastreio primário e secundário.
2. O tubo de controlo que não contém antibiótico é imediatamente subcultivado (antes da incubação), espalhando-se uma alça uniformemente sobre um quarto de placa de meio adequado para o crescimento do organismo testado e incubado a 37^0C durante 24 h.
3. A MBC do organismo de controlo é lida para verificar a exatidão das concentrações do medicamento.
4. A concentração mais baixa que inibe o crescimento do organismo é registada como MBC.
5. Todos os tubos que não apresentem crescimento visível (da mesma forma que o tubo de controlo descrito acima) são subcultivados e incubados durante a noite a 37^0C.
6. A quantidade de crescimento do tubo de controlo antes da incubação (que representa o inóculo original) foi comparada.
7. As subculturas podem apresentar um número semelhante de colónias, indicando bacteriostática, um número reduzido de colónias indicando uma atividade bactericida parcial

ou lenta e nenhum crescimento se todo o inóculo tiver sido eliminado. O teste deve incluir um segundo conjunto das mesmas diluições inoculadas com um organismo de sensibilidade conhecida.

Concentração Fungicida Mínima (CFM) O método de diluição em caldo para a determinação da CFM reside no facto de poder ser facilmente convertido para determinar também a CFM. A diluição em série, onde o rastreio primário e secundário e o material e método foram seguidos como uma atividade bactericida. O crescimento e a inibição são medidos e o composto é aplicado no método para determinar a atividade em concentração de pg/ml.

Métodos utilizados para o rastreio primário e secundário

Cada fármaco sintetizado foi diluído obtendo-se uma concentração de 2000 microgramas/ml, como solução de reserva.

Rastreio primário: No rastreio primário, foram utilizadas concentrações de 500 micro/ml, 250 micro/ml e 125 micro/ml dos fármacos sintetizados. Os fármacos sintetizados activos encontrados neste rastreio primário foram ainda testados num segundo conjunto de diluições contra todos os microrganismos.

Análise secundária: Os fármacos considerados activos no rastreio primário foram diluídos de forma semelhante para obter concentrações de 100 micro/ml, 50 micro/ml, 25 micro/ml, 12,5 micro/ml, 6,250 micro/ml, 3,125 micro/ml e 1,5625 micro/ml.

Resultado da leitura

A diluição mais elevada que apresenta pelo menos 99 % de zona de inibição é considerada como CIM. O resultado é muito afetado pelo tamanho do inóculo. A mistura de teste deve conter 10^8organismos/ml.

O medicamento padrão

O medicamento padrão utilizado no presente estudo é a "Gentamicina" para avaliar a atividade antibacteriana que mostrou (0,25, 0,05, 0,5 e 1 pg/ml). MBC contra S. *aureus, E. pyogenes e P. aeruginosa*, respetivamente. A "K. Nystatin" é utilizada como fármaco padrão para a atividade antifúngica, que mostrou 100 pg/ml de MFC contra todas as espécies utilizadas para a atividade antifúngica.

Medicamentos antibacterianos e antifúngicos importantes

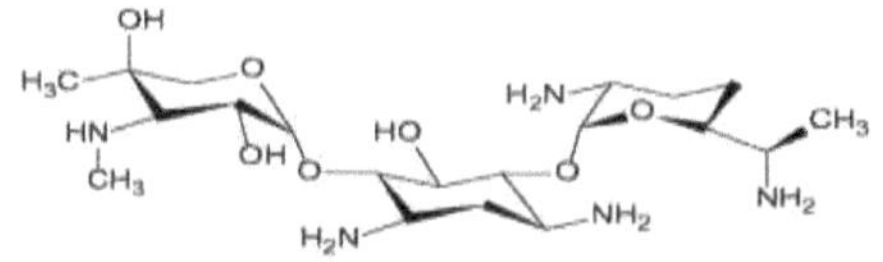

Gentamicin

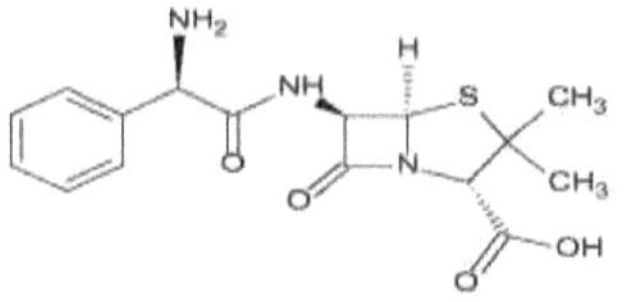

Ampicillin

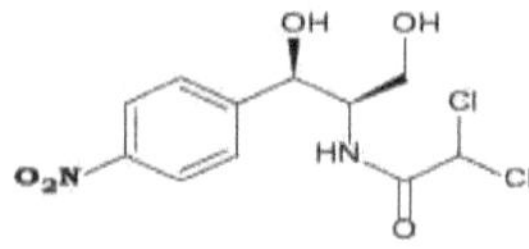

Chloramphenicol

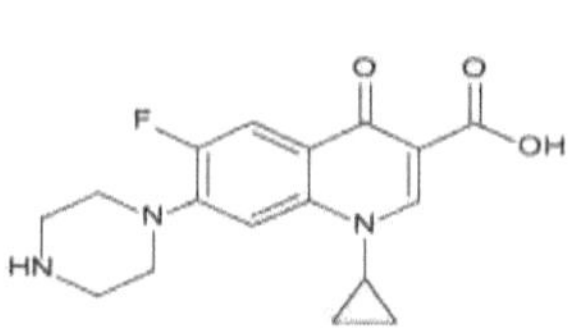

Ciprofloxacin

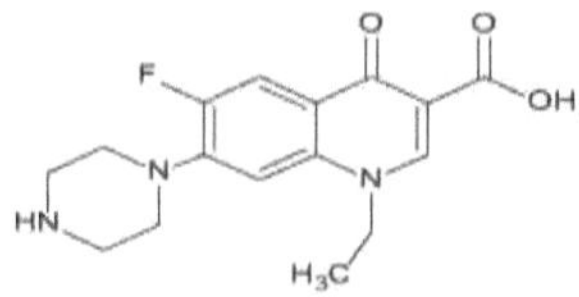

Norfloxacin

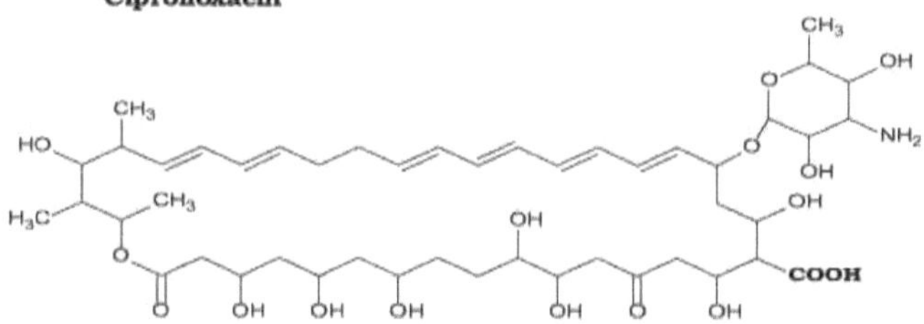

K. Nystatin

Tabela: 1
Atividade Antibacteriana do Padrão Fármacos

Drogas	Concentrações bactericidas mínimas em pg/ml			
	E. coli ug/ml	*P. aeruginoa ug/ml*	s. *aureus ug/ml*	s. *pyogenes* pg/ml
Ampicilina	100	100	250	100
Cloremfenicol	50	50	50	50

Quadro: 2
Atividade antifúngica dos medicamentos padrão

Drogas	*C. albicans* pg/ml	*A. niger* pg/ml
GreseofUlvin	500	100

Tabela: 3
Atividade antimicrobiana do [1-(5-alcoxi-1-methyl-3-phenyl-1H-pyrazol-4-yl)-meth-(Z)-ilideno]arilamina do seguinte tipo

Sr. Não.	Concentrações bactericidas mínimas em gg/ml				Concentrações fungicidas mínimas em gg/ml	
	E. coli ug/ml	*P. aeruginosa gg/ml*	S. *aureus ug/ml*	S. *pyogenes* gg/ml	*A. niger* gg/ml	*c. albicans* gg/ml
1	125	125	500	1000	500	500
2	100	250	100	500	1000	200
3	125	500	100	1000	200	500
4	250	500	500	500	1000	500
5	500	500	500	500	100	100
6	1000	500	500	100	500	500
7	500	500	500	500	500	500
8	250	500	250	250	500	1000
9	100	250	500	100	1000	500
10	500	200	200	500	100	1000

Os resultados da atividade antibacteriana mostraram que os compostos 1, 2 e 3 foram moderadamente activos contra

O composto 9 foi moderadamente ativo contra as bactérias gram-negativas *E. coli, P. aeruginosa* e 8. *aureus.* O composto 9 foi moderadamente ativo contra *E. coli* e 8. *pyogenes.*

Os resultados da atividade antifúngica mostraram que os compostos 5 e 7 foram bem activos contra *A. niger* e o composto 5 foi bem ativo contra *C. albicans.*

Tabela: 4
Atividade antimicrobiana da N-(1,3-dimetil-5-ariloxi-1H-pirazol-4-il)-alquilamida do do seguinte tipo

Sr. Não.	Concentrações bactericidas mínimas em gg/ml				Concentrações fungicidas mínimas em gg/ml	
	E. coli gg/ml	*P. aeruginosa gg/ml*	S. *aureus pg/ml*	S. *pyogenes* gg/ml	*A. nigeriano* gg/ml	*c. albicans* gg/ml
11	500	500	500	250	1000	500
12	250	500	200	500	250	500
13	500	500	500	500	1000	1000
14	500	500	500	250	500	1000
15	250	200	250	500	1000	500
16	200	250	200	250	100	1000
17	50	125	50	250	500	1000
18	250	50	100	125	1000	1000
19	500	250	500	250	1000	1000
20	200	125	100	250	500	1000

Os resultados da atividade antibacteriana mostraram que o composto 17 foi bastante ativo contra *E. coli* e 8. *aureus.* O composto 18 foi bastante ativo contra *P. aeruginasa* e moderadamente ativo contra 8. *aureus* e o 20 foi moderadamente ativo contra 8. *aureus.*

Os resultados da atividade antifúngica mostraram que o composto 16 foi bem ativo contra o *A. niger* fUngi.

Gráfico: 1:- Atividade antibacteriana e antifúngica da [l-(5-alcoxi-l-metil-3-fenil-lH-pirassol-4-y 1)-me th-(Z)-y Iide ne] arilamina do seguinte tipo

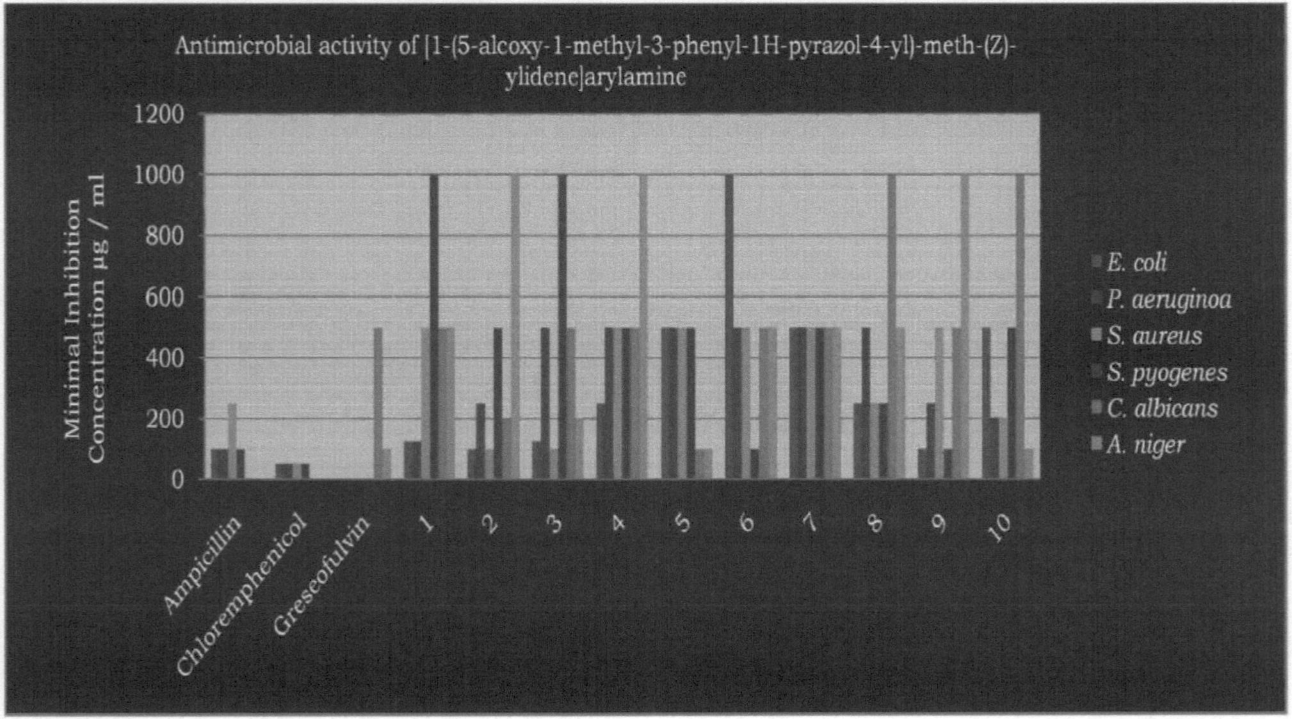

Gráfico: 2:- Atividade antibacteriana e antifúngica da N-(l,3-dimetil-5-ariloxi-lH-pirazol-4-il)-alquilamida do seguinte tipo

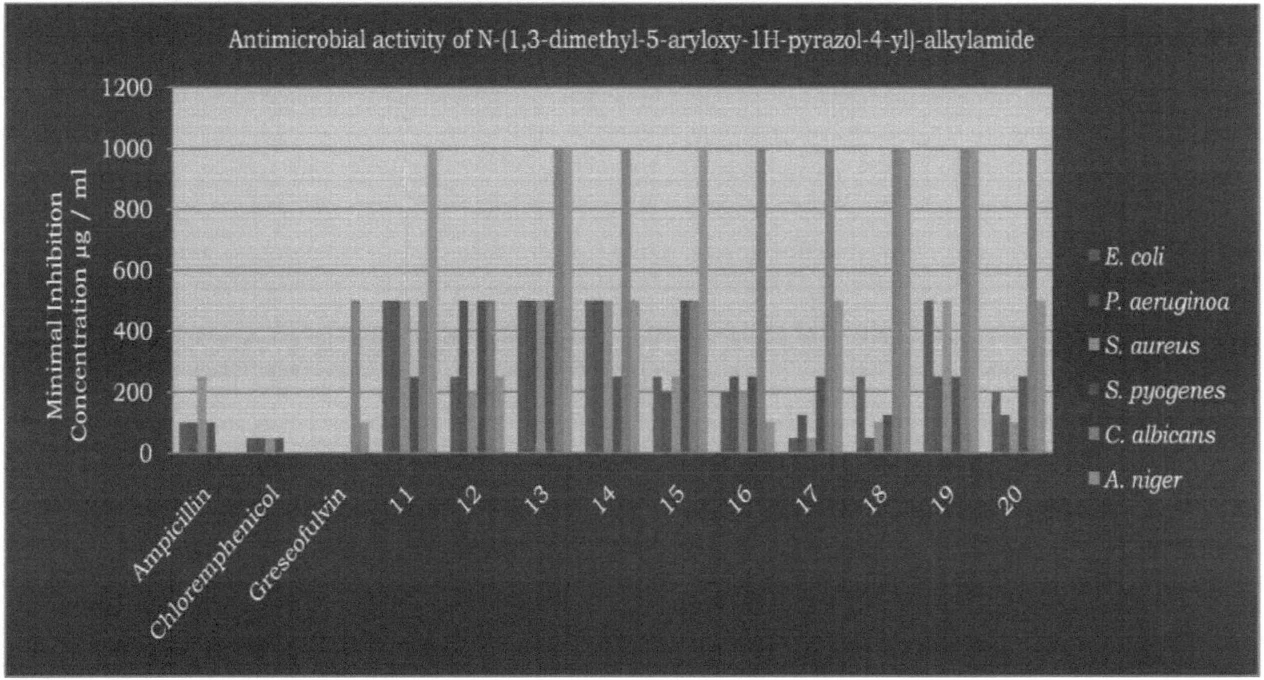

Referências

Elguero J, em Comprehensive Heterocyclic Chemistry - I, Katritzky AR Rees CW, Eds.; Pergamon, Oxford, 1984, 5, 167.

Foces-Foces C, Alkorta I, Elguero JA, Ata Crystallogr, Sect. B, 2000, 56, 1018.

El-Azhary AA, Spectrochim. Ata, Parte A, 2003,59, 2009.

Begtrup M, Balle T, Claramunt RM, Sanz D, Jimenez JA, Mo O, Yanez M, Elguero J, J. Mol. Struct. Theochem, 1998, 453, 255.

Castaneda JP, Denisov GS, Yu. Kucherov S, Schreiber VM, Shurukhina AV, J. Mol. Struct. Theochem, 2002, 660, 25.

Rodriguez-Franco MI, Dorronsoro I, Castro A, Martinez A, Tetrahedron, 2000, 56, 1739.

Jimenez-Cruza ZF, Hernandez-Ortega S, Rios-Olivares H, J. Mol. Struct. Theochem, 2002, 650, 223.

Feng Y, Wang JT, Liu L, Guo QX, J. Phys. Org. Chem., 2003, 16, 883.

Ogretir C, Tay NF, J. Mol. Struct. Theochem, 2002, 588, 145.

Latosinska JN,Kasprzaka J,Kazimierczuk Z, J. Mol. Struct. Theochem, 2000, 530, 217.

ShevelevSA,Dalinger IL, Russ. J. Org. Chem. (Engl. Transl.), 1998, 34, 1071.

Fiamegos YC,Pilidis GA,Varvounis G, J. Heterocycl. Chem., 2001, 38, 1065.

Claridge RP,Lancaster NL,Millar RW, Moodie RB,Sandall JPB, J. Chem. Soc., Perkin Trans., 2001, 2, 197.

Suzuki H,Nonoyama N, J. Chem. Res. (S), 1996, 36, 244.

Halzer W, Krca I, Heterocycles, 2003, 60, 2323.

HolzerW, Hahn K, J. Heterocycl. Chem., 2003, 40, 303.

Elguero J, em "Comprehensive Heterocyclic Chemistry II", Katritzky AR, Rees CW, Scriven EFV, Eds.; Pergamon, Oxford, 1996, 3, 1.

Sakya SM, Rast B, Tetrahedron Lett., 2003, 44, 7629.

Ceulemans E, Voets M, Emmers S,Utyerhoeven K, Meervelt LV, Dehaen W,

Tetrahedron, 2002, 58, 531.

Bergman J, Bergman S, Brimert T, Tetrahedron, 1999, 55, 10447.

Volle JN, Schlosser M, Eur. J. Org. Chem., 2000, 5, 823.

Ryckmans T, Viehe HG, Feneau-Dupont J, Tinant B, DeClearcq JP, Tetrahedron, 1997, 53, 1729.

Abbiati G, Arcadi A,Attanasi OA, De Crescentini L,Rossi E, Tetrahedron, 2001, 57, 2031.

Chandrasekhar S,Rajaiah G,Srihari P, Tetrahedron Lett., 2001, 42, 6599.

Attanasi OA, Buratti S, Filippone P, Fiorucci C, Foresti E, Giovagnoli D, Tetrahedron, 1996, 52, 1579.

Palacios F,Aparicio D,Santos JMde los, Tetrahedron, 1996, 52, 4123.

Yamazaki S, Hanada M,Yanase Y,Fukumori C, Ogura K,Saeki T,Umetani S, J. Chem. Soc., Perkin Trans., 1999,1, 693.

Sanz AM, Navarro P, Gomez-Contrearas F, Pardo M, Pepe G,Samat A, Can. J. Chem., 1998, 76, 1174.

Broggini O, Oaranti L, Molteni G, Zecchi G, Tetrahedron, 1998, 54, 2843.

Terrett NK, Bell AS, Brown D, Ellis P, Bioorg. Med. Chem. Lett., 1996, 6, 1819.

Penning TD, Talley JJ, Bertenshaw SR, Carter JS, Collins PW, Docter S, Graneto MJ, Lee LF, Malecha JW, Miyashiro JM, Rogers RS, Rogier DJ, Yu SS, Anderson GD, Burton EG, Cogburn NJ, Gregory SA, Koboldt CM, Perkins WE, Seibert K, Veenhuizen AW, Zhang YY, Isakson PC, J. Med. Chem., 1997, 40, 1347.

Lan R, Liu Q, Fan P, Lin S, Fernando SR, McCallion D, Pertwee R, Makriyannis A, J. Med. Chem., 1999, 42, 769.

Francisco MEY, Seltzman HH, Gilliam AF, Mitchell RA, Rider SL, Pertwee RG, Stevenson LA, Thomas BF, J. Med. Chem., 2002, 45, 2708.

Katoch-Rouse R, Pavlova OA, Caulder T, Hoffman AF, Mukhin AG, Horti AG, J. Med.

Chem., 2003, 46, 642.

Broggini G,Moltenia G, Pilat T, Tetrahedron: Asymmetry, 2000, 11, 1975.

Regan J, Pargellis CA, Cirillo PF, Gilmore T, Hickey ER, Peet GW, Proto A, Swinamera A, Moss N, Bioorg. Med. Chem. Lett., 2003, 13, 3101.

Li J, DeMello KML, Cheng H, Sakya SM, Bronk BS, Raika RJ, Jaynes BH, Ziegler CB, Kilroy C, Mann DW, Nimz EL, Lynch MP, Haven ML, Kolosko NL, Minich ML, Li C, Dutra JK, Rast B, Crosson RM, Morton BJ, Kirk GW, Callaghan KM, Koss DA, Shavnya A, Lund LA, Seibel SB, Petras CF, Silvia A, Bioorg. Med. Chem. Lett., 2004, 14(1), 95

Molteni G, Pilati T, Pont A, Tetrahedron, 2003, 59(47), 9315.

Sui Z, Guan J, Ferro MP, McCoy K, Wachter MP, Murray WV, Singer M, Steber M, Ritchie DM, Argentieri DC, Bioorg. Med. Chem. Lett., 2000, 10(6), 601.

Dale DJ, Dunn PJ, Golightly C, Hughes ML, Levett PC, Pearce AK, Searle PM, Ward G, Wood AS, Org. Process. Res. Dev., 2000, 4, 17.

Jia ZJ, Wu Y, Huang W, Goldman E, Zhang P, Woolirey J, Wong P, Huang B, Sinha U, Park G, Reed A, Scarborough RM, Zhu BY, Bioorg. Med. Chem. Lett., 2002, 12(5), 1651.

Jia ZJ, Wu Y, Huang W, Zhang P, Clizbe LA, Goldman EA, Sinha U, Arfsten AE, Edwards ST, Alphonso M, Hutchaleelaha A, Scarborough RM, Zhu BY, Bioorg. Med. Chem. Lett., 2004, 14(7), 1221.

Jia ZJ, Wu Y, Huang W, Zhang P, Song Y, Woolfrey J, Sinha U, Arfsten AE, Edwards ST, Hutchaleelaha A, Hollennbach SJ, Lambing JL, Scarborough RM, Zhu BY, Bioorg. Med. Chem. Lett., 2004, 14(5), 1229.

Almansa C, Gomez LA, Cavalcanti FL, ArribaAFde,Garcia-Rafanell J, Forn J, J. Med. Chem., 1997, 40, 547.

Moore KW, Bonner K, Jones EA, Emms F, Leeson PD, Marwood R, Patel S, Patel S, Rowley M, Thomas S, Carling RW, Bioorg. Med. Chem. Lett., 1999, 9(9), 1285.

Menegatti R, Cunha AC, Ferreira VF, Perreira EFR, El-Nabawi A, Eldefrawi AT,

Albuquerque EX, Neves G, Rates SMK, Fragaa CAM, Barreiroa EJ, Bioorg. Med. Chem., 2003, 11(22), 4807.

Menozzi G, Merello L, Fossa P, Schenone S, Ranise A, Mosti L,Bondavalli F, Loddo R, Murgioni C, Mascia V, La Collab P,Tamburini E, Bioorg. Med. Chem., 2004, 12, 5465.

Tanitame A,Oyamada Y, Ofuji K, Fujimoto M, Suzuki K, Ueda T,Terauchi H,Kawasaki M, Nagai K, Wachi M, Yamagishi JI, Bioorg. Med. Chem., 2004, 12(21), 5515.

Finn J, Mattia K, Morytko M, Ram S, Yang Y, Wu X, Mak E, Gallant P, Keith D, Bioorg. Med. Chem. Lett., 2003, 13(13), 2231.

Aiello E, Aiello S, Mingoia F, Bacchi A, Pelizzi G, Musiu C, Setzu MG,Pani A, La Colla P, Marongiu ME, Bioorg. Med. Chem., 2000, 8(12), 2719.

Lee CS, Allwine DA, Barbachyn MR, Grega KC, Dolak LA, Ford CW, Jensen M, Seest EP, Hamel JC, Schaadt RD, Stapert D, Yagi BH, Zurenkoc GE, Genin MJ, Bioorg. Med. Chem., 2001, 9, 3243.

Shen DM, Shu M, Mills SG, Chapman KT, Malkowitz L, Springer MS, Gould SL, DeMartino JA, Siciliano SJ, Kwei GY, Carella A, Carver G, Holmes K, Schleif WA, Danzeisen R, Hazuda D, Kessler J, Lineberger J, Miller MD, Emini EA, Bioorg. Med. Chem. Lett., 2004, 14, 935.

Shen DM, Shu M, Willoughby CA, Shah S, Lynch CL, Hale JJ, Mills SG, Chapman KT, Malkowitz L, Springer MS, Gould SL, DeMartino JA, Siciliano SJ, Lyons K, Pivnichny JV, Kwei GY, Carella A, Carver G, Holmes K, Schleif WA, Danzeisen R, Hazuda D, Kessler J, Lineberger J, Miller MD, Emini EA, Bioorg. Med. Chem. Lett., 2004, 14, 941.

Shu M, Loebach JL, Parker KA, Mills SG, Chapman KT, Shen DM, Malkowitz L, Springer MS, Gould SL, DeMartino A, Siciliano SJ, Di Salvo J, Lyons K, Pivnichny JV, Kwei GY, Carella A, Carver G, Holmes K, Schleif WA, Danzeisen R, Hazuda D, Kessler J, Lineberger J, Millerd MD, Emini EA, Bioorg. Med. Chem. Lett., 2004, 14, 947.

Genin MJ, Biles C, Keiser BJ, Poppe SM,Swaney SM, Tarpley WG, Yagi Y, Romero

DL, J. Med. Chem., 2000, 43, 1034.

Mussinu JM, Ruiu S, Mule AC,Pau A,Carai MAM, Loriga G,Murineddua G, Pinna GA, Bioorg. Med. Chem., 2003, 11(2), 251.

Krishnamurthy M, Li W, Moore BM, Bioorg. Med. Chem., 2004, 12(2), 393.

Yang Y, Kaung C, Jin H, Yang Q, Zhang Z, Beilstein J. of Org. Chem., 2011, 7, 1656.

Wu J, Wang J, Hu D, He M, Jin L, Song B, Chemistry Central Journal, 2012, 6, 51.

Pattan SR, Rabara PA, Pattan JS, Bukitagar AA, Waka le VS, Musmade DS, Ind. J. of Chem, 2009, 48(B), 1453.

Rap RM, Reddy GN, Sreeramulu J, Der PharmaChemica, 2011, 3(5), 301.

Barrows W, Text Book of Microbiology, W B Saunders Co., Philadelphia, 17th ed., 1959.

Hugo WB e Russel AD, Pharmaceutical Microbiology, Blackwell Scientific publications, Oxford, 1977, 5.

Robert C, Medical Microbiology, ELBS e E & S., Living stone, Briton, 11th ed., 1970, 895-901.

Sujatha GD et al., Indian J Expt. Biol, 1975,

13, 286.

Walksman SA, Microbial Antagonism and Antibiotic Substances, Common Wealth Fund, Nova Iorque, 2nd ed., 1947, 72.

MIX
Papier aus verantwortungsvollen Quellen
Paper from responsible sources
FSC® C105338

Printed by Books on Demand GmbH, Norderstedt / Germany